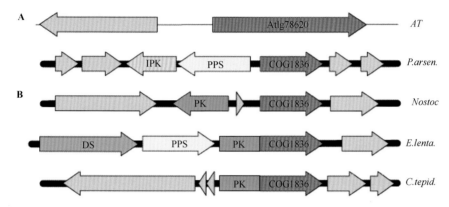

彩插 1　原核生物基因组前后关系图谱推测 AT1G78620 蛋白功能（Seaver et al.，　2014）

A. 在细菌和古生菌中，AT1G78620 的同源蛋白 COG1836、异戊烯基磷酸激酶（IPK）以及其他参与多聚戊烯基代谢的酶之间在基因组上的排列簇；**B.** 在细菌和古生菌中，融合了预测的植基单磷酸激酶（COG1836）和植醇激酶（PK）的结构域示意图

其中，颜色相同的箭头代表同源基因，灰色箭头代表不保守的结构域。

COG1836 代表预测的植基单磷酸激酶；DS 代表预测的茄红素脱氢酶；PPS 代表多聚戊烯基焦磷酸合酶。*AT* 为拟南芥；*P.arsen.* 为热棒菌；*Nostoc* 为念珠藻属 sp.7120；*E.lenta.* 为迟缓埃格特菌；*C.tepid.* 为绿硫细菌

U0363480

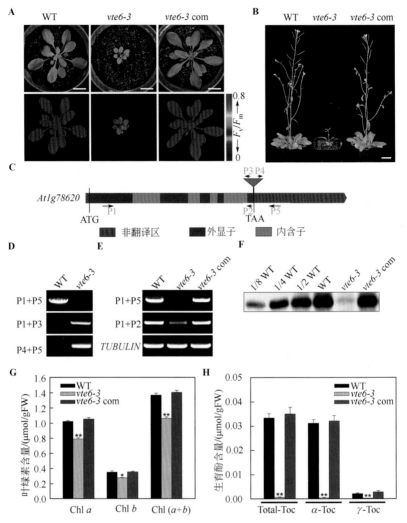

彩插 2　*vte6-3* 突变体的表型、鉴定、叶绿素和生育酚含量测定

A. *vte6-3* 突变体在土中生长 4 周表型及其叶绿素荧光成像图谱。图中标尺为 2cm

B. *vte6-3* 突变体在土中生长 8 周表型。图中标尺为 2cm

C. *VTE6/AT1G78620* 基因的结构示意图及其 T-DNA 的插入位点

D. *vte6-3* 纯合突变体 DNA 水平鉴定

E. *vte6-3* 纯合突变体 RNA 水平鉴定

F. *vte6-3* 纯合突变体蛋白水平鉴定

G. 叶片叶绿素含量

H. 叶片生育酚含量。Total-Toc 表示总生育酚；α-Toc 和 γ-Toc 为不同种类的生育酚

其中图 **G** 和 **H** 中的标尺为 means ± SD（*n*=3），统计学分析方法采用 *t* 检验（**，*P* < 0.01）

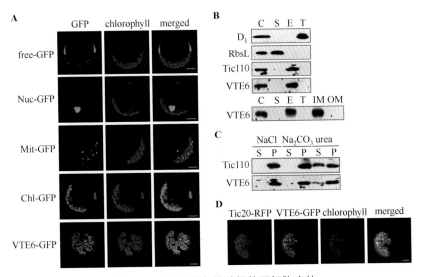

彩插3　VTE6 蛋白的叶绿体亚细胞定位

　　A. VTE6-GFP 融合蛋白转化原生质体以确定 VTE6 蛋白的亚细胞定位。GFP—绿色荧光蛋白信号；
chlorophyll—叶绿素自发荧光；merged—两种荧光的融合；free-GFP—无转运肽的细胞质定位对照；
Nuc-GFP—*fibrillarin* 基因细胞核定位对照；Mit-GFP—FRO1-GFP 融合蛋白发出的线粒体定位对照；
Chl-GFP—核酮糖二磷酸羧化酶小亚基（RbcS）叶绿体定位对照
　　B. 提取叶片完整叶绿体（C）后，分离出基质（S）、被膜（E）和类囊体膜（T）组分，并进一步将被
膜分为内被膜（IM）以及外被膜（OM），进行免疫印迹实验以确定 VTE6 蛋白的定位；D_1 为 PS II 的
核心大亚基；RbsL 为核酮糖二磷酸羧化酶的大亚基
　　C. 离试剂洗涤实验。提取出叶片被膜后，与不同浓度的盐溶液或碱溶液孵育，分别检测其蛋白在上清
（S）和沉淀（P）中的分布情况
　　D. VTE6-GFP 与一个已知定位于内被膜的蛋白 Tic20-RFP 的共定位分析

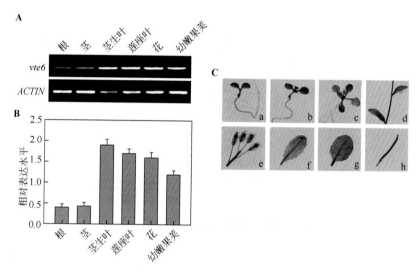

彩插4　*vte6*基因表达模式分析

A. 半定量 RT-PCR 分析 *vte6* 基因在拟南芥不同组织器官中的表达情况

B. 实时荧光定量 PCR 分析 *vte6* 基因在拟南芥不同组织器官中转录本的
累积情况。标尺为 means ± SD（*n*=3）

C. Pro~vte6~:GUS 转基因植株不同组织器官的 GUS 染色分析。图 a 到 h 分别为幼苗子叶期、
幼苗 10 天、成苗 20 天、茎、花、成熟老叶、成熟幼叶和幼嫩果荚

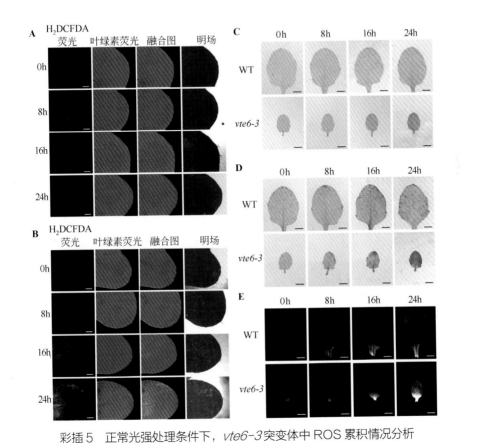

彩插5 正常光强处理条件下，*vte6-3*突变体中 ROS 累积情况分析

野生型和 *vte6-3* 突变体离体植物叶片在含有林可霉素和环己酰亚胺存在的情况下，
于正常光强［80 μmol/(m² · s)］下处理 24 h，并于图中所示时间取样进行 ROS 测定

A. 野生型离体植物叶片的 ROS 累积情况。H₂DCFDA 荧光（绿色）表示 ROS 含量，
叶绿素自发荧光以红色表示。图中标尺为 200μm

B. *vte6-3* 突变体离体植物叶片的 ROS 累积情况。H₂DCFDA 荧光（绿色）表示
ROS 含量，叶绿素自发荧光以红色表示。图中标尺为 200μm

C. DAB 染色测定野生型和 *vte6-3* 突变体离体植物叶片中的过氧化氢含量。图中标尺为 2mm

D. NBT 染色测定野生型和 *vte6-3* 突变体离体植物叶片中的超氧化物含量。图中标尺为 2mm

E. SOSG 荧光图谱测定野生型和 *vte6-3* 突变体离体植物叶片中的单线态氧含量。图中标尺为 2 mm

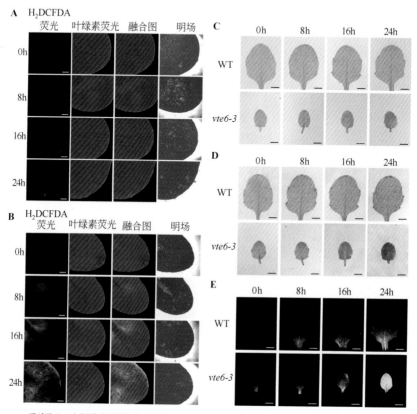

彩插 6　过剩光强处理条件下，*vte6-3* 突变体中 ROS 累积情况分析

野生型和 *vte6-3* 突变体离体植物叶片在含有林可霉素和环己酰亚胺存在的情况下，于过剩的光强 [200 μmol/(m² · s)] 下处理 24 h，并于图中所示时间取样进行 ROS 测定

　　A. 野生型离体植物叶片的 ROS 累积情况。H₂DCFDA 荧光（绿色）表示 ROS 含量，叶绿素自发荧光以红色表示。图中标尺为 200μm

　　B. *vte6-3* 突变体离体植物叶片的 ROS 累积情况。H₂DCFDA 荧光（绿色）表示 ROS 含量，叶绿素自发荧光以红色表示。图中标尺为 200μm

　　C. DAB 染色测定野生型和 *vte6-3* 突变体离体植物叶片中的过氧化氢含量。图中标尺为 2mm

　　D. NBT 染色测定野生型和 *vte6-3* 突变体离体植物叶片中的超氧化物含量。图中标尺为 2mm

　　E. SOSG 荧光图谱测定野生型和 *vte6-3* 突变体离体植物叶片中的单线态氧含量。图中标尺为 2mm

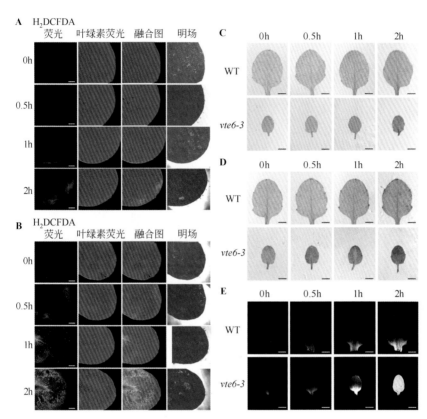

彩插 7　高光处理条件下，*vte6-3* 突变体中 ROS 累积情况分析

野生型和 *vte6-3* 突变体离体植物叶片于高光［900μmol/(m² · s)］下处理 2 h，
并于图中所示时间取样进行 ROS 测定

A. 野生型离体植物叶片的 ROS 累积情况。H₂DCFDA 荧光（绿色）表示 ROS 含量，
叶绿素自发荧光以红色表示。图中标尺为 200μm

B. *vte6-3* 突变体离体植物叶片的 ROS 累积情况。H₂DCFDA 荧光（绿色）表示 ROS 含量，
叶绿素自发荧光以红色表示。图中标尺为 200μm

C. DAB 染色测定野生型和 *vte6-3* 突变体离体植物叶片中的过氧化氢含量。图中标尺为 2mm

D. NBT 染色测定野生型和 *vte6-3* 突变体离体植物叶片中的超氧化物含量。图中标尺为 2mm

E. SOSG 荧光图谱测定野生型和 *vte6-3* 突变体离体植物叶片中的单线态氧含量。图中标尺为 2mm

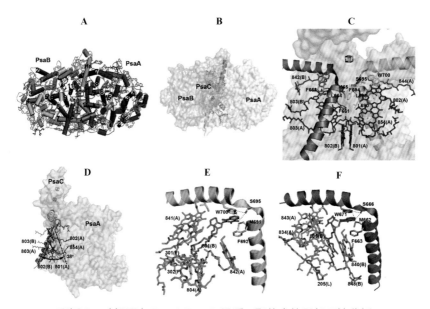

彩插 8　叶绿醌在 PsaA/PsaB 异质二聚体中的局部环境分析

A. PSⅠ-LHCⅠ超级复合物中 PsaA/PsaB 异质二聚体的跨膜螺旋及其辅因子的分布（从基质侧向膜一侧看）。PsaA 和 PsaB 亚基以卡通图像显示，每一个柱形代表其不同的 α 螺旋，并以 1~11 数字标明，同时叶绿素的植基侧链已省略。在 PsaA 中，其膜外的部分用蓝色显示，用以区别以黄色显示的跨膜螺旋区域。在 PsaB 中，其膜外的部分用粉色显示，用以区别以灰色显示的跨膜螺旋区域。Hs 表示一个与 10 号螺旋相连的位于基质的螺旋区域

B. 在 PsaA 和 PsaB 亚基中 10-Hs 螺旋的分布情况

C. PsaA 中的 10-Hs 螺旋与 PsaB 中的 10-Hs 螺旋的互作分析（沿着 PsaA 到 PsaB 的膜的表面观测）在该结构中紧密结合了电子传递链中的六个叶绿素分子。其中，801(A) 和 802(B) 属于主要的电子供体 P_{700}；802(A) 和 803(B) 属于主要的电子受体 A_0；803(A) 和 854(A) 属于辅助的叶绿素

D. C 图垂直 90°旋转，显示出电子传递链中的六个叶绿素分子相互间呈现出一个 38°的双面角。其中，801(A)、802(B)、802(A)、803(B)、803(A) 和 854(A) 与 **C** 图中所示一致

E. PsaA 中的叶绿醌局部环境示意图。其中氢键以黑色的虚线表示

F. PsaB 中的叶绿醌局部环境示意图。其中氢键以黑色的虚线表示

其中黄色代表 PsaA；灰色代表 PsaB；洋红色代表电子传递链中的色素；
绿色代表其他的叶绿素；橙色代表 β-胡萝卜素；蓝色代表叶绿醌

植醇磷酸化途径
调控光合作用
分子机理研究

王蕾 著

化学工业出版社

·北京·

内容简介

本书主要介绍了植醇磷酸化途径中的关键酶——植基单磷酸激酶（VTE6）的功能及其影响 PS Ⅰ 生物发生的分子机制。第一次从分子水平揭示了植醇磷酸化途径参与叶绿醌和生育酚的生物合成，并进一步从植物生理学、分子生物学及遗传学等多方面系统性地分析了叶绿醌在光合电子传递链上发挥的重要作用，揭示了其参与光系统 Ⅰ 复合物生物发生的分子机理，为进一步完善叶绿醌生物合成途径和了解 PS Ⅰ 生物发生机制提供新的理解和认识。

本书适合从事光合作用研究，特别是光系统 Ⅰ 复合物研究的相关人员阅读参考。

图书在版编目(CIP)数据

植醇磷酸化途径调控光合作用分子机理研究/王蕾著. —北京:
化学工业出版社，2022.4

ISBN 978-7-122-40789-4

Ⅰ. ①植… Ⅱ. ①王… Ⅲ. ①光合磷酸化-研究 Ⅳ. ①Q945.11

中国版本图书馆 CIP 数据核字（2021）第 208626 号

责任编辑：彭爱铭　刘　军
文字编辑：李　雪　李娇娇
责任校对：边　涛
装帧设计：李子姮

出版发行：化学工业出版社
　　　　　（北京市东城区青年湖南街 13 号　邮政编码 100011）
印　　装：北京科印技术咨询服务有限公司数码印刷分部
710mm×100mm　1/16　印张 6½　彩插 4　字数 117 千字
2022 年 7 月北京第 1 版第 1 次印刷

购书咨询：010-64518888
售后服务：010-64518899
网　　址：http://www.cip.com.cn
凡购买本书，如有缺损质量问题，本社销售中心负责调换。

定　　价：69.00 元

前言

光合作用是光合生物（绿色植物、蓝藻和光合细菌）利用光能将二氧化碳和水转化为有机物并释放氧气的过程。它是地球上最重要的化学反应，是地球生物圈形成与运转的关键环节，更是目前人类面临新绿色革命的核心问题和发展未来能源的希望。早在 2010 年，中国科学院在其"创新 2050：科学技术与中国的未来"战略研究报告中，就将光合作用列为 22 个影响中国现代化进程的战略性科技问题之一，并且预言它是可能出现革命性突破的一个基本科学问题（中国科学院办公厅，2010），由此可见光合作用及其相关科学研究的重要性和必要性。

植物对光能的利用主要是在类囊体膜上具有一定分子排列和空间构象的四大复合物（光系统 II 复合物、细胞色素 b_6f 复合物、光系统 I 复合物和 ATP 合成酶复合物）中进行。其中光系统 I 复合物（PS I）是自然界中最大也是最复杂的蛋白复合物之一，同时也是自然界中最高效的能量吸收和电子传递装置。PS I 的生物发生不仅需要叶绿体基因组和细胞核基因组编码的 PS I 亚基间的协调作用，而且还涉及其中 200 多个辅因子间以及辅因子与蛋白间的相互配合，从而最终完成 PS I 复合物的组装并维持其结构的稳定。目前，尽管前人在 PS I 的结构和功能研究方面已取得很大进展，鉴定到许多参与 PS I 组装及其稳定的蛋白因子，但是 PS I 生物发生的分子机理仍不清楚，特别是对于 PS I 的辅因子参与其生物发生过程的研究还很少。叶绿醌是 PS I 本身特有的一类辅因子，是仅由光合生物合成的一类脂溶性维生素，同时也是一类极其重要的光依赖型电子传递体。过去大量的研究表明，在缺失叶绿醌的突变体中，PS I 复合物累积受损，PS I 活性大幅下降，但是对于其如何影响 PS I 功能的分子机理还知之甚少。

植基二磷酸作为一个重要的代谢中间产物，参与了生物体内植醇磷酸化途径，也是生育酚、叶绿醌和叶绿素合成的共同底物。但是，目前对于植基二磷酸的研究仅局限于影响生育酚的合成上，对于其另一个代谢产物叶绿醌的研究很少。因此，急需相关研究去探讨植物中参与叶绿醌合成的植基二磷酸是否与生育酚一样，也主要是通过植醇磷酸化途径合成而非 GG-PP 的还原。

本书汇集了著者近 10 年的研究成果，力求全面深入地分析植醇磷酸化途径中的关键酶——植基单磷酸激酶（VTE6）的功能及其影响 PS I 生物发生的分子机制。该研究首次从分子水平揭示了植醇磷酸化途径参与叶绿醌和生育酚的生物合成，并进一步从植物生理学、分子生物学及遗传学等多方面系统性地分析了叶绿醌在光合电子传递链上发挥的重要作用，并揭示了其参与光系统Ⅰ复合物生物发生的分子机理，为进一步完善叶绿醌生物合成途径和了解 PSⅠ生物发生机制提供新的理解和认识。

全书共分为六章，主要包括：植醇磷酸化途径参与叶绿醌生物合成研究、*vte6* 突变体的光合特性研究、叶绿醌调控 PSⅠ的生物发生机理研究、集胞藻 6803 中 *sll0875* 的基因功能研究等几大内容。本书可以为从事光合作用研究，特别是光系统Ⅰ复合物生物发生机制研究领域的科研人员提供参考和借鉴。

本书的出版，得到了国家自然科学基金面上项目"拟南芥 PBF 蛋白调控光系统Ⅰ生物发生的分子机理研究"、国家自然科学基金青年基金项目"具有降糖活性的胰蛋白酶抑制剂的筛选及其抑制 α-葡萄糖苷酶活性的构效关系研究"以及山西省应用基础研究项目"具有降糖活性的胰蛋白酶抑制剂的特性及其降糖的作用机理研究"的资助，在此表示感谢。

鉴于著者查阅文献的局限和学术水平有限，书中疏漏之处在所难免，恳请同行专家和读者批评指正。

王蕾
2021 年 10 月

目录

第五章
集胞藻6803中 *sll0875* 的基因功能研究

第六章
总结与展望

附　录

参考文献

第一章

绪 论

光合作用是光合生物（绿色植物、蓝藻和光合细菌）利用光能将二氧化碳和水转化为有机物并释放氧气的过程。从 18 世纪英国科学家 Joseph Priestley 所做的植物-蜡烛-老鼠的经典实验算起，光合作用研究已经走过 240 多年的发展历程，在此期间，人们对光合作用的认识也是在实践中不断地完善（Hill，1937；Arnon et al.，1954；Duysens et al.，1961；Bennett，1977；Chapman et al.，1987；Pfannschmidt et al.，1999；Kurisu et al.，2003；Bonardi et al.，2005；Zhang et al.，2012）。作为"地球上最重要的化学反应"，光合作用为地球上几乎所有的生命物质提供赖以生存的基础——能量、食物和氧气。它是生命的发动机，是地球生物圈形成与运转的关键环节，更是目前人类面临新绿色革命的核心问题，也是发展未来能源的希望。早在 2010 年，中国科学院在其"创新 2050：科学技术与中国的未来"战略研究报告中，就将光合作用列为 22 个影响中国现代化进程的战略性科技问题之一，并且预言它是可能出现革命性突破的一个基本科学问题（中国科学院办公厅，2010），由此可见光合作用及其相关科学研究的重要性和必要性。

1.1　光合作用

1.1.1　光合作用场所

叶绿体是植物进行光合作用的基本场所，由色素系统、光反应系统、膜系统和酶系统组成，具有极其精密的结构。许多藻类细胞只含有一个大的叶绿体，其内部主要是类囊体膜结构。与藻类不同，高等植物成熟的叶肉细胞含有数十个甚至上百个叶绿体，其大小和细菌差不多，直径约有几微米。在叶肉细胞成熟以前，它们通过二进制分裂生殖，以增加叶绿体数目。叶绿体属于半自主型细胞器，内部包含一个环形的 DNA 基因组，拥有自己的遗传信息，可以编码自身的部分蛋白（绿藻和绿色植物叶绿体基因组编码蛋白质的基因 60～80 个，红藻约 200 个，蓝细菌约 3000 个），其余的蛋白均由核基因（高达 1000～5000 个）编码并输入叶绿体中。

蓝藻——地球上现存最古老的也是唯一可以进行光合自养的原核生物——其藻体形态多样，通常以单细胞体、群体和丝状体等形式存在(Rippka et al.，1979)。蓝藻细胞结构简单，没有成形的细胞核和叶绿体，但它的内部含有呈扁平囊状的类囊体（图 1-1）。与高等植物叶绿体不同，蓝藻的类囊体并不形成类似的基粒片层和基质片层结构，而是在其类囊体膜上附有由藻蓝蛋白和别藻蓝蛋白构成的藻胆体，由叶绿素 a、β-胡萝卜素和叶黄素等构成的辅助色素蛋白复合体，以及光合和呼吸电子传递链的各种电子载体(Liberton et al.，2006；van de Meene et al.，2006；Nevo et al.，

2007；Schneider et al.，2007），因此它能够利用光能进行光合作用释放氧气，为改变早期地球大气成分做出了巨大的贡献，促进了有氧代谢的复杂生命体的进化（Stanier et al.，1977；Kasting，2001）。内共生起源假说认为，真核生物叶绿体可能是由蓝藻在其细胞中内共生并逐步演化而形成的（Gould et al.，2008）。此外，蓝藻还拥有简单高效的代谢途径，它能够在类囊体膜上同时进行光合作用和呼吸作用。

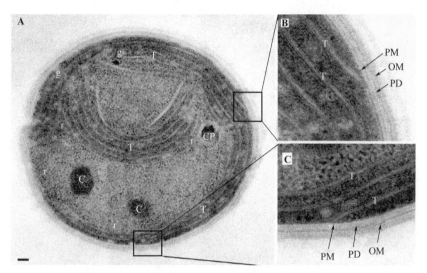

图 1-1　集胞藻 6803 细胞薄层切片显微结构图（Liberton et al.，2006）
A. 集胞藻 6803 细胞整体的薄层切片图；**B** 和 **C** 依次为 **A** 中方框选中的局部放大图
T—类囊体膜；C—羧化体；CP—蓝藻颗粒体；g—糖原颗粒；r—核糖体；PM—质膜；OM—外膜；
PD—肽聚糖层
比例尺为100nm

1.1.2　叶绿体结构

高等植物叶绿体主要由内外被膜、基质和类囊体膜组成。光合作用过程中光能的吸收、传递和转化都发生在类囊体膜上，因此类囊体膜也被称为光合膜。一些类囊体垛叠成基粒，直径为300～600nm，含有10～20层类囊体膜。我们将这些构成基粒的类囊体膜称为基粒片层膜，而没有形成基粒的类囊体称为基质片层膜。光合膜上镶嵌着四种具有一定分子排列和空间构象的蛋白复合体，横跨脂双层，这些蛋白复合体根据功能及其在类囊体膜上的排布依次为：光系统Ⅱ复合物（PSⅡ）、细胞色素 b_6f 复合物（Cyt b_6f）、光系统Ⅰ复合物（PSⅠ）和 ATP 合成酶复合物（ATP synthase）（图 1-2）。在放氧光合作用中，通过非循环电子传递及其偶联的光合磷酸化形成同化力 NADPH 和 ATP 的过程，是在串联的两个光系统（PSⅠ和 PSⅡ）的协调作用下完成的。其中 PSⅡ是产生氧的部位，其重要地位和意义显而易见，在

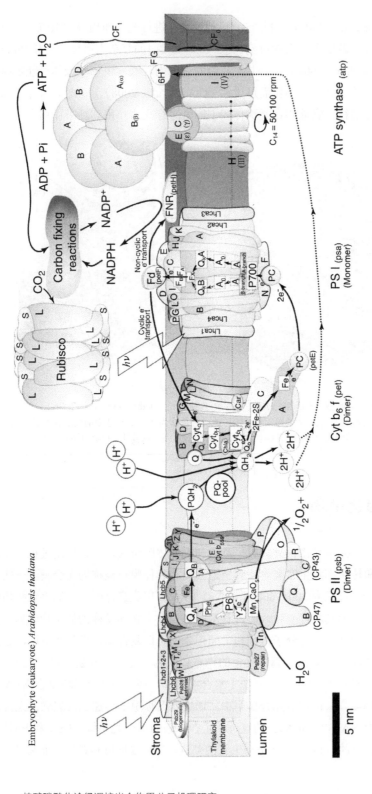

图 1-2　高等植物类囊体膜上的四种蛋白复合体分布（Allen et al.，2011）

过去的几十年中，人们对PSⅡ的结构与功能开展了广泛而深入的研究，其研究成果已经被多篇综述文章进行了详细的介绍（Wydrzynski et al.，2005）。但是对于PSⅠ，目前由于检测技术的局限及其本身结构的特殊性，对其功能的研究较少。

1.1.3 光系统Ⅰ复合物结构

PSⅠ是自然界中最大也是最复杂的蛋白复合物之一，在光合细菌、蓝藻和绿色植物中均高度保守（Nelson et al.，2004）。PSⅠ主要参与光合电子传递的最终步骤：氧化类囊体囊腔侧的质体蓝素（plastocyanin,PC）（植物和衣藻中）或细胞色素c_6（蓝藻中），以及还原叶绿体基质侧的铁氧还蛋白(植物和衣藻中)或黄素氧还蛋白（蓝藻中）(Brettel et al.，2001)。在高等植物中，PSⅠ主要由两部分构成：核心复合物（又名反应中心）以及其周围的捕光复合物Ⅰ（LHCⅠ）。其蛋白质实体共结合约200个色素分子，如叶绿素等，它们共同构成了一个PSⅠ-LHCⅠ超级复合物。它的演化过程迄今约有35亿年，是纳米规模的几乎完美的光-电转换机构,实现了能量的高效利用,其光化学量子效率接近100%（Nelson，2009；Scholes et al.，2011),因此，PSⅠ被认为是自然界中最高效的光能吸收利用和电子传递转换装置。基于此，世界上越来越多的跨学科科研人员致力于研究PSⅠ，以期模拟并生产高效利用太阳能的装置（Carmeli et al.，2007；Lewis，2007；Terasaki et al.，2007）。

蓝藻中PSⅠ核心复合物是以三聚体的形式存在，其结构已经在2.5Å（1Å=10^{-10}m）分辨率条件下得到了解析（Jordan et al.,2001）。其中，每一个单体分子质量为356kDa，均包含12个蛋白亚基、128个辅因子[96个叶绿素分子，2个叶绿醌（维生素K_1，分别与PsaA和PsaB结合），3个铁硫簇（4Fe-4S），22个类胡萝卜素，4个脂类，1个Ca^{2+}离子（促进PSⅠ三聚体的形成）]和201个水分子。其中12个蛋白亚基包含两个序列同源的多次跨膜大亚基PsaA和PsaB，三个位于PSⅠ受体侧的膜外亚基PsaC、PsaD和PsaE（PsaC结合终端电子受体F_A和F_B，处于中心位置；PsaD结合铁氧还蛋白Fd或黄素氧还蛋白，PsaE对稳定PSⅠ-Fd复合体形成发挥重要的作用）以及一些小的膜结合亚单位PsaF、PsaI~PsaM和PsaX（它们结合并稳定叶绿素和类胡萝卜素分子，PSⅠ三聚体的形成和稳定均需要PsaL参与）。

在高等植物中，PSⅠ-LHCⅠ超级复合物是以单体形式存在，其结构基本与蓝藻中相似，不含PsaM和PsaX，但是在其核心复合物中包含了3个特有的膜内蛋白PsaG、PsaH和PsaO以及另一个外部蛋白PsaO（唯一暴露于类囊体腔一侧的外部蛋白）(Scheller et al.，2001)，同时在其捕光复合物中包含4个LHCⅠ亚基（Lhca1～Lhca4）。从最新解析的豌豆PSⅠ-LHCⅠ超级复合物2.8Å晶体结构图中可以看到

（图 1-3），其核心复合物包含至少 16 个亚基和大量辅因子［155 个叶绿素分子，2 个叶绿醌（维生素 K₁，分别与 PsaA 和 PsaB 结合），3 个铁硫簇（4Fe-4S），35 个类胡萝卜素，10 个脂类］以及一些水分子。同时其外周的 4 个天线蛋白附着于 PsaG、PsaF、PsaJ 和 PsaK 这四个亚基一侧，并以两个异源二聚体构成的一个异质二聚体形式排列（Lhca1-Lhca4 与 Lhca2-Lhca3）（Qin et al.，2015）。

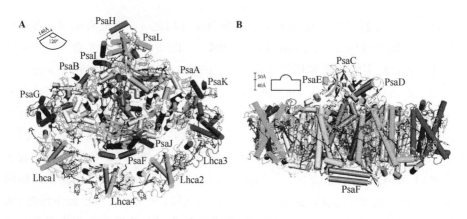

图 1-3　豌豆 PS I -LHC I 超级复合物分辨率为 2.8Å 晶体结构图（Qin et al.，2015）
A.PS I -HLC I 的晶体结构（横切图，从类囊体膜囊腔侧看）；**B**.PS I -HLC I 的晶体结构（纵切图，垂直于类囊体膜的切面图）

在高等植物的 PS I 复合物中，PsaA、PsaB、PsaC、PsaI 和 PsaJ 亚基由叶绿体基因编码，而其余亚基由核基因编码（Amunts et al.，2010；2007）。其中，PsaA 和 PsaB 是 PS I 的核心亚基，分子质量为 82～83kDa，各有 11 个跨膜 α-螺旋，两者以异源二聚体的形式(PsaA-PsaB)存在。PS I 复合物中绝大多数的叶绿素分子、原初电子供体 P_{700} 和包括叶绿醌在内的其他电子受体均位于 PsaA-PsaB 上，而终端电子受体 F_A 和 F_B 则位于一个小的基质蛋白 PsaC 上。此外，基质侧的电子受体铁氧还蛋白位于 PsaC、PsaD 和 PsaE 亚基上，囊腔侧的电子供体质体蓝素位于 PsaF 亚基上，捕光复合物 I （LHC I ）位于 PsaK、PsaG 和 PsaF 上，捕光复合物 II （LHC II ）位于 PsaI、PsaH 和 PsaL 上（Scheller et al.，2001；Nelson et al.，2004）。这些亚基间及其与辅因子间的互通与结合维持了 PS I -LHC I 超级复合物的完整性与电子传递的高效性。

在过去 15 亿年的演化过程中，无论是高等植物、蓝藻还是光合细菌，其 PS I 核心结构一直很保守。唯一区别是植物 PsaF 亚基 N 端较长，形成一个螺旋环-螺旋体区域，这使得植物 PS I 能够更有效地与质体蓝素结合，使这个铜蛋白向 P_{700} 的电子传递快两个数量级（Ben-Shem et al.，2003）。

1.1.4 光系统 I 复合物电子传递链

早在 1980 年，研究人员利用电子顺磁共振以及光谱学测定技术就已经证实由 PS I 催化的氧化还原反应涉及一个内源的电子传递链（ETC），主要包括：一个主要的电子供体 P_{700}（特定的叶绿素 a 分子）和一些次级电子受体 A_0、A_1、A_2（Bonnerjea et al.，1982；Gast et al.，1983）。其中 A_0 位点最早被鉴定到，它与 P_{700} 一样为一个叶绿素 a 单体（Bonnerjea et al.，1982；Gast et al.，1983）。随后 Golbeck 和 Kok 研究发现，A_2 位点是由三个[4Fe-4S]簇组成，分别被命名为 F_X、F_A 和 F_B（Golbeck et al.，1978）。直到 20 世纪 80 年代之后，研究人员才陆续结合光谱学以及生物化学方法研究发现，PS I 内部结合了叶绿醌分子，它与 P_{700} 始终呈现 2：1 的关系，同时利用紫外和闪光光谱分析证明了该叶绿醌分子正是在之前确定的 A_1 位点上（Interschick-Niebler et al.，1981；Takahashi et al.，1985；Brettel et al.，1986；Mansfield et al.，1986；Schoeder et al.，1986）。随后，研究人员发现在体外用有机溶剂将 PS I 中 A_1 位点的叶绿醌抽提出来后，该 PS I 就会失去光致还原活性，一旦外源添加叶绿醌或其他的醌类化合物，该活性又会恢复（Biggins et al.，1988；Biggins，1990；Itoh et al.，2001），这些结果表明，叶绿醌确实参与了 PS I 的光合电子传递［叶绿醌的相关研究进展详见 1.2 叶绿醌（维生素 K_1）概述］。

如图 1-4A 所示，PS I 电子传递链主要包括电子供体 P_{700} 接受电子被氧化形成激发态的 P_{700}^*，随后电子会被很快传给主要电子受体 A_0，紧接着电子会经过一系列次级电子受体 A_1、F_X、F_A/F_B 最终到达铁氧还蛋白。之后，随着人们对蓝藻和植物中 PS I 复合物结构的逐步解析，PS I 电子传递链中各个辅因子及其空间排布情况开始得以呈现（Jordan et al.，2001；Ben-Shem et al.，2003；Qin et al.，2015）。其中电子供体 P_{700} 为一对叶绿素分子 eC-A1 和 eC-B1，A_0 位点同样是一对叶绿素分子 eC-A3 和 eC-B3，A_1 位点是一对叶绿醌分子 Q_kA 和 Q_kB（图 1-4B）。因此，PS I 中电子传递是在由这些辅因子构成的两个分支（分支 A 和分支 B）内同时进行，最终汇合于铁硫簇 F_X 中，并传递给 F_A/F_B（Brettel et al.，2001；Golbeck，2003；Srinivasan et al.，2009；Semenov et al.，2015）。但是有研究表明 PS I 中这两大分支具有不对等性，其中的一个支路显示出了更强更高效的电子传递效率（Guergova-Kuras et al.，2001）。

此外，围绕 PS I，还有几个可以移动的电子传递体：质体蓝素（PC）、铁氧还蛋白（Fd）和铁氧还蛋白-NADP$^+$ 还原酶（FNR）。它们属于低分子量蛋白，靠静电力与光系统 I 反应中心复合体相连。其中 PC 是一个含铜蛋白，位于类囊体腔内，介导细胞色素 b_6f 复合体其中的一个亚基——细胞色素 f 与 P_{700}^+ 之间的电子传递；Fd 是一个铁硫蛋白（以 2[Fe-S]簇作为氧化还原辅因子），位于叶绿体间质，由 93～99 个氨基酸残基组成，属于β片层或β折叠，是 PS I 的一个末端电子受体，参与 PS

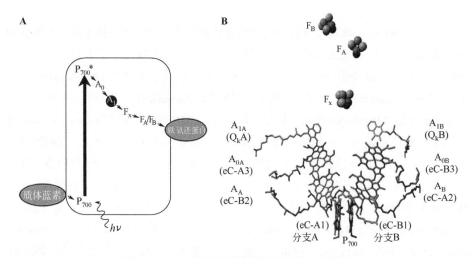

图 1-4　PS I 电子传递链及其空间排布示意图
A.PS I 电子传递链（van Oostende et al., 2011）；**B.**PS I 电子传递链中各个辅因子的空间排布
（Srinivasan et al., 2009）

I 环式电子传递（Fd 的电子经过 Cyt b_6 f 回到 P_{700}）以及非循环电子传递的最后一步（有 Fd 和 FNR 参与的由 Fe-S 中心到 $NADP^+$的反应）；FNR 是一个含有黄素腺嘌呤二核苷酸（FAD）的酶（35～45kDa），催化电子从 Fd 到 $NADP^+$的传递，涉及 $Fd-FNR-NADP^+$三元复合体的催化循环。

1.2　叶绿醌（维生素 K_1）概述

1.2.1　叶绿醌的发现及其化学结构

叶绿醌（2-甲基-3-植基-1,4-萘醌）最早是由丹麦科学家亨里克·达姆于 1929 年提出的，将凝血维生素定义为维生素 K（德语中凝血维生素"Koagulationsvitamin"首字母为 K）。在植物中，叶绿醌是 PS I 特有的一类辅因子，是仅由光合生物合成的一类脂溶性维生素，是植物和蓝藻中的一类重要的氧化还原辅因子，属于维生素 K 的一种。维生素 K，是一种脂溶性维生素，又名凝血维生素，是一系列含有 2-甲基-1,4-萘醌衍生物的总称，对控制血液凝固和骨质代谢具有重要的作用，是人体和动物必须从食物中摄取的微量营养素之一。其主要包含天然的维生素 K_1 和维生素 K_2 以及人工合成的维生素 K_3 和维生素 K_4。维生素 K_1，又名叶绿醌，广泛分布于绿色植物、绿藻以及某些特定的蓝藻中。维生素 K_2，又名甲萘醌，主要存在于细菌、藻青菌、红藻和硅藻中。这两种物质结构相似，均包含一个萘醌环的头部，其主要差别之处在于侧链的不同（图 1-5）。叶绿醌是一个半不饱和侧链，由一个异戊烯基和三个异戊基单元组成。而甲萘醌则是一个完全不饱和侧链，由 2～13 个异戊烯基单元组成，因此甲萘醌被定义为 MK-n，n 代表异戊烯基个数。其中 MK-4 是其最主要的形态，广泛分布于人和动物体内，而 MK-7 含量较低，主要分布于细菌体内。

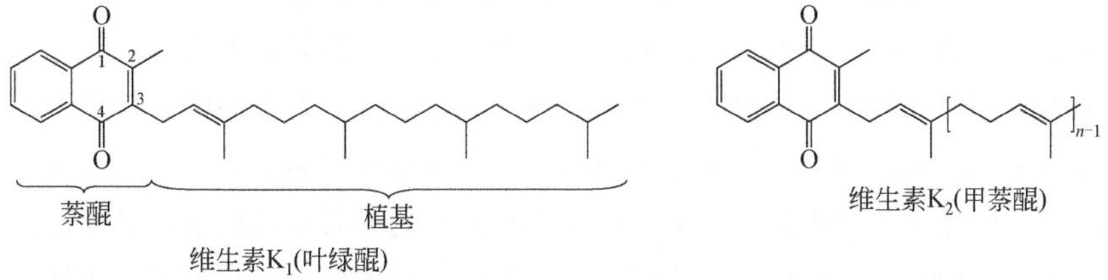

图 1-5　维生素 K_1 和维生素 K_2 的结构

1.2.2　叶绿醌性质及其生物学功能

叶绿醌耐热、耐酸，但对光敏感，易被阳光和碱所分解。研究发现，维生素 K 的萘醌环本身存在多种形态的氧化反应。如图 1-6 所示，经过处于中间态的醌和半醌两种形态，可以实现萘醌环从环氧化物状态（完全氧化态）到对苯二酚状态（完全还原态）的转换。其中，环氧化物的形态只在动物细胞中发现，需要经过多种酶促反应实现。大多数植物和蓝藻的叶绿醌主要是以醌的形态存在（Oostende et al.，2008；Widhalm et al.，2009）。

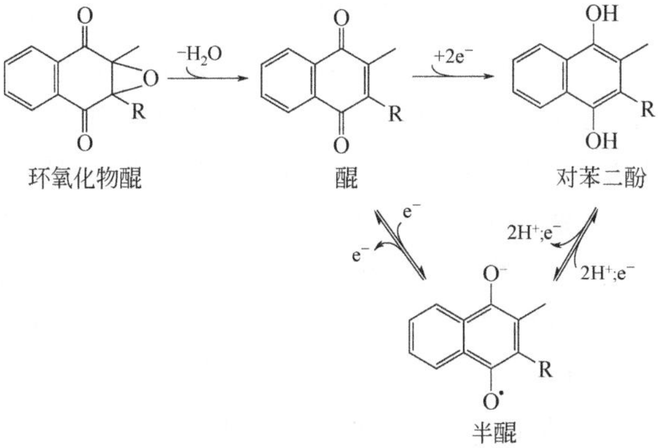

图 1-6　萘醌环不同氧化还原形态的相互转换

在植物中，研究人员通过研究叶绿醌在亚细胞水平的分布情况，发现叶绿醌主要是在质体中累积，并作为 PSⅠ内部 A_1 位点的一个电子载体，参与电子从最初电子供体 PSⅠ反应中心 P_{700} 到最终电子受体 Fe-S 簇 F_A/F_B 的传递过程（Brettel et al.，2001）。过去的研究表明，在一些叶绿醌缺失的突变体中，PSⅠ活性严重下降，PSⅠ复合物不能稳定存在，从而导致植株不能进行光合自养，最终死亡（Shimada et al.，2005；Gross et al.，2006；Kim et al.，2008）。另外，研究人员还发现在高等植物的质膜中也能够检测到一部分叶绿醌的存在，推测其可能在质膜上作为一个流动的电子载体参与某些特定的氧化还原反应，以维持膜系统的稳定性（Lüthje et al.，1997；Lochner et al.，2003）。也有报道称通过溶剂萃取、紫外照射以及体外添加维生素 K 的拮抗剂双香豆素和华法林来除去叶绿醌或抑制其合成，细胞膜的氧化还原能力会大大减弱（Barr et al.，1992；Döring et al.，1992；Lüthje et al.，1997），而在某些特定条件下，体外添加维生素 K_1 可以使缺失叶绿醌的质膜重新恢复其氧化还原能力（Barr et al.，1992）。此外，人们还陆续从某些动物组织和植物的质膜中鉴定出两个大小分别为 27 kDa 和 31 kDa 的蛋白，它们都具有 NAD(P)H 依赖的醌还原酶活性 (Luster et al.，1989；Serrano et al.，1995；1994；Cordoba et al.，1995)。结合早先在质膜中鉴定出的 NADH 氧化酶（NOX），研究人员推断在质膜上可能存在一个叶绿醌库，作为一个跨膜的电子传递介质，实现电子由细胞质中的电子供体 NAD(P)H 到细胞膜外的电子受体的转移，以维持植物正常的生长和发育。

尽管人和动物无法进行光合作用，但是包括人类在内的脊椎动物也需要从植物营养中吸收叶绿醌。我们知道，甲萘醌是动物体内重要的营养物质，对于细胞代谢及其生物学功能发挥着重要作用。一方面它可以作为一种酶的辅因子参与蛋白的转录后修饰（MK-4）。另一方面，它还可以作为两个电子的载体参与细胞的无氧呼吸过程（MK-7）。甲萘醌主要在少数的能进行光合作用的真核生物（红藻、硅藻等）和大多数原核生物中合成。人和动物无法自身合成甲萘醌，而是通过将食物中获取的叶绿醌在特定的组织中转化得到（MK-4），其转化的机理研究是目前的一个热点和难点（Suttie et al.，2011）。因此，可以说叶绿醌是人体营养所必需的组分，其主要来源就是绿叶蔬菜（如长叶莴苣、羽衣甘蓝、花椰菜和菠菜等）和油料植物（如大豆、向日葵、橄榄和油菜籽等）（Booth，2009；Suttie et al.，2011）。在动物体内，叶绿醌功能并不是像植物中存在的那样，可以作为一种电子载体参与光合电子传递过程，而是作为某些特殊的蛋白翻译后修饰（post-translational modification，PTM）所必需的因子。而这些 PTM 靶点蛋白主要是参与了凝血、骨代谢和血管细胞代谢调控过程（Suttie，1985；Suttie et al.，2011）。除此之外，它们还可能参与能量代谢和炎症反应（Booth，2009）。

1.2.3 植物中叶绿醌的检测与分布

早期人们对于食物以及生物提取物中的维生素 K 的检测方法主要采用的是 chick 生物测定法。该分析方法冗长且需要较大的提取量，特别是对于那些来源于动物的样品，其中维生素 K 的含量很低而很难检测到，该方法还有一个局限性就是它仅仅提供了一个半定量的测定（Dam et al.，1936）。之后，越来越多定量测定维生素 K 的方法开始涌现，包括薄层色谱法、气相色谱法以及高效液相色谱法（HPLC，它既可以进行荧光检测也可以进行电化学检测）（Davidson et al.，1997；McCarthy et al.，1997）。由于萘醌环可以通过体外还原将其转化成可用荧光检测的对苯二酚的形态，HPLC 的方法可以荧光测定该形态且具有高灵敏度和选择特异性，因此直到今天，该方法仍为检测复杂提取物中维生素 K 含量的常规定量方法（Booth et al.，1997；Davidson et al.，1997）。由于绿色植物组织中叶绿醌的含量较大，因此人们利用 HPLC-紫外分光光度法来对其进行检测和定量（Fraser et al.，2000）。与其他的代谢物相比，叶绿醌的含量相对较低，并且在不同植物的物种以及植物组织间差别较大（表 1-1）。叶片中叶绿醌的含量通常较多，而在大多数植物的果实、茎秆和种子中，其含量大幅度降低，特别是在一些主要农作物的果实、茎秆和种子中，叶绿醌含量很难检测到。从亚细胞的水平来看，植物组织中绝大多数的叶绿醌分布于质体中（Lohmann et al.，2006；Oostende et al.，2008）。人们通过对拟南芥叶绿体进行不同组分分离实验测定发现，有近三分之一的叶绿醌储存于质体小球中，而不是存在于 PS I 中（Lohmann et al.，2006）。同样 Gross 等（2006）也发现，在拟南芥的一个叶绿醌含量比野生型低四分之一以下的突变体中，PS I 活性依然存在且下降幅度不大。此外，人们在玉米的根以及大豆的下胚轴的质膜提取物中检测到了大量有活性的萘醌氧化酶（Lüthje et al.，1998；Bridge et al.，2000；Schopfer et al.，2008），这表明少量的叶绿醌可能存在于质体以外的组织中，极大可能在质膜中分布。

表 1-1 不同植物与植物组织间的叶绿醌含量

植物物种（植物组织）	叶绿醌含量/(µg/100 g)
A.thaliana (绿叶)	365[a]
Brassica oleracea (菜籽油)	127[b]
Brassica oleracea (羽衣甘蓝)	440[b]
Brassica oleracea (西兰花)	180[b]
Brassica oleracea (抱子甘蓝)	177[b]
Brassica oleracea (花椰菜)	20[b]
Cicer arietinum (鹰嘴豆)	9[c]
Daucus carota (块茎)	2.7[a]
Lactuca sativa (绿叶)	126[c]

植物物种（植物组织）	叶绿醌含量/(μg/100 g)
Lactuca sativa（卷心莴苣）	35[b]
Manihot esculenta（木薯）	**1.9[c]**
Olea europaea（橄榄油）	55
Oryza sativa（谷物）	**0.1[c]**
Oryza sativa（绿叶）	662[a]
Phaseolus vulgaris（菜豆）	**5.6[c]**
Phaseolus vulgaris（青豆）	33[b]
Solanum Lycopersicon（绿叶）	1217[a]
Solanum Lycopersicon（未成熟果实）	19[a]
Solanum Lycopersicon（红色果实）	8[a]
Solanum tuberosum（块茎）	**1.3[a]**
Glycine max（豆油）	193[b]
Glycine max（"毛豆"种子）	31[c]
Triticum spp.（全谷物面粉）	**1.9[c]**
Vicia faba（蚕豆）	**9[c]**
Zea mays（谷物）	**0.3[c]**
Zea mays（绿叶）	1514[a]
Zea mays（油）	3[b]

注：1. 该数据参考 Oostende et al.（2008）[a]和 Booth et al.，（1998）[b]。USDA 国家营养数据库作为标准参照（http://www.nal.usda.gov/fnic/foodcomp/search/）[c]。

2. 主要农作物含量以粗体显示。

1.2.4　植物中叶绿醌生物合成途径

早在 20 世纪 60 年代中期，Cox 等（1964）发现，标有 ^{14}C 的莽草酸被大肠杆菌吸收后出现在维生素 K_2 中，而被植物吸收后出现在维生素 K_1 中(Whistance et al.，1966)，这一发现引起了有关维生素生物合成的长期讨论。20 世纪 80 年代，人们以同位素标记前体化合物进行研究获得了不少信息，并在植物和兼性厌氧细菌中同时建立了异戊烯基萘醌的生物合成途径的基本框架。从这些研究中，人们发现叶绿醌的生物合成途径与甲萘醌（维生素 K_2）的基本类似。在植物中，莽草酸酯可以通过生成 *O*-琥珀酰基苯甲酸（OSB）和 1,4-二羟基-2-萘甲酸（DHNA）来参与萘醌环的形成过程(Dansette et al.，1970；Thomas et al.，1974；Hutson et al.，1980；Heide et al.，1982)，并以植基二磷酸（phytyl-PP）和 *S*-腺苷甲硫氨酸（SAM）为底物经过异戊烯化和甲基化来形成叶绿醌(Schultz et al.，1981；Gaudillière et al.，1984)。

近年来，随着生物信息学的迅猛发展，人们通过与细菌中参与甲萘醌（维生素

K_2）生物合成的各个酶（*men* 基因编码）进行同源比对，陆续在植物中鉴定到了参与叶绿醌合成的相应的酶，这使得高等植物中叶绿醌的生物合成途径越发完善。研究表明，高等植物中叶绿醌的生物合成主要是在叶绿体中进行的，大体上可将其分为两个独立的代谢分支（图 1-7），一是主链（萘醌环）的形成，二是支链（植基，植基二磷酸）的形成，它同样用于生育酚（tocopherol）和叶绿素的生物合成途径(van Oostende et al.，2011)（生育酚的相关研究进展详见 1.3 生育酚概述）。

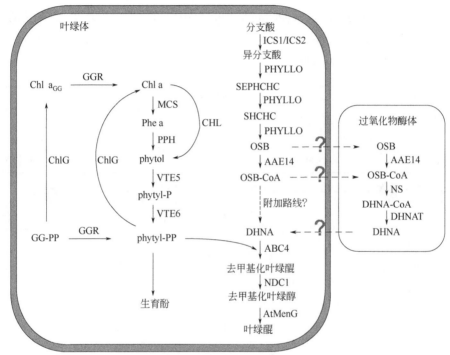

图 1-7　植物中叶绿醌生物合成途径模式图（Wang et al.，2017）
叶绿醌的生物合成途径主要包括两条代谢分支，一个是萘醌环的合成，另一个是植基侧链的合成。
分支酸是萘醌环合成的前体，phytyl-PP 为叶绿醌提供植基侧链。phytyl-PP 的形成主要来源于
两个途径：一种是补救合成途径，即通过色素降解后进行植醇磷酸化反应生成，
另一种是从头合成途径，即通过 GG-PP 的还原产生
横向虚线与问号表示未知的转运通路。竖向虚线表示可能存在于叶绿体中的合成途径
AAE14—OSB-辅酶 A 连接酶；ABC4—DHNA 异戊烯转移酶；AtMenG—去甲基化叶绿醌甲基转移酶；
ChlG—叶绿素合酶；CHL—叶绿素酶；DHNAT—DHNA-辅酶 A 硫酯酶；GGR—香叶酰基香叶酰还原
酶；ICS1/ICS2—异分支酸合酶 1/2；MCS—金属螯合物；NDC1—NAD(P)H 脱氢酶 C1；NS—DHNA-
CoA 合酶；PHYLLO—包含三种不同结构域的酶，催化如图所示的三步反应；PPH—脱镁叶绿素叶绿酸
水解酶；VTE5—植醇激酶；VTE6—植基单磷酸激酶；Chl a$_{GG}$—香叶酰化叶绿素 a；Chl a—（植基化）
叶绿素 a；DHNA—1,4-二羟基-2-萘甲酸盐；GG-PP—香叶酰基香叶酰二磷酸；OSB—*O*-琥珀酰苯甲酸
盐；Phe a—（植基化）脱镁叶绿素 a；SEPHCHC—2-琥珀酰-5-烯醇丙酮酰-6-羟基-3-环己烯-1-羧酸；
SHCHC—2-琥珀酰-6-羟基-2,4-环己二烯-1-羧酸。

1.2.4.1 主链（萘醌环）的生物合成

分支酸（chorismate）作为叶绿醌合成的前体，参与萘醌环形成的第一步反应（图 1-7，图 1-8）。研究发现同时敲除两个独立的具有催化活性的异分支酸合酶（ICS1 和 ICS2）能够导致植物叶片中叶绿醌的完全缺失(Gross et al.，2006；Garcion et al.，2008)，说明这两个酶可能共同参与了分支酸向异分支酸（isochorismate）转化的过程。而异分支酸作为植物体内一个非常重要的前体，同时还参与了其他多个代谢过程，例如激素和水杨酸代谢(Wildermuth et al.，2001)。在烟草中体外过表达细菌的异分支酸合酶并将其定位到质体中可以引起烟草体内叶绿醌含量的大幅上升（约升高四倍）（Verberne et al.，2007）。

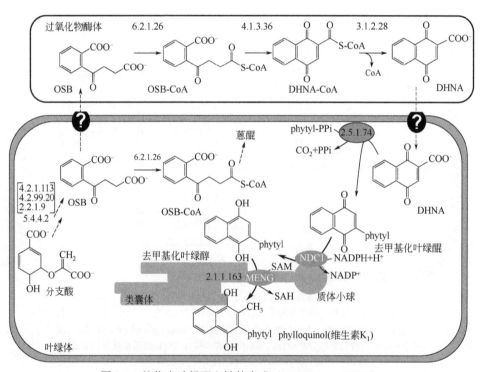

图 1-8　植物中叶绿醌主链的合成（Fatihi et al.，2015）

5.4.4.2—ICS1 和 ICS2；2.2.1.9，4.2.99.20，4.2.1.113—PHYLLO；6.2.1.26—OSB-CoA 连接酶；
4.1.3.36—DHNA-CoA 合酶（NS）；3.1.2.28—DHNA-CoA 硫酯酶（DHNAT）；2.5.1.74—DHNA 植基转移酶（ABC4）；2.1.1.163—去甲基化叶绿醌甲基转移酶；DHNA—1,4-二羟基-2-萘甲酸盐；OSB—*O*-琥珀酰苯甲酸

随后，异分支酸可以在 PHYLLO 的催化下，经过三步连锁反应直接生成 *O*-琥珀酰苯甲酸（OSB）(Gross et al.，2006)（图 1-7，图 1-8）。值得一提的是，与细菌中不同，植物中的 PHYLLO 是一个非常特殊的蛋白，它具有三个不同的酶活结构

域，同时包含 4 个与细菌 MenF、MenD、MenC 和 MenH 蛋白同源的序列。因此可以催化不同的底物，最终生成 OSB。

DHNA-CoA 合酶（NS）催化 OSB-CoA 的环化最终形成 DHNA-CoA(Truglio et al.，2003；Jiang et al.，2010)（图 1-8）。在植物中，由于人们一直认为萘醌环的合成是在叶绿体中发生，因此 NS 在很长一段时间里都没有被鉴定到，直到后来人们在对过氧化物酶体进行蛋白组学研究的时候，才发现了 NS 的存在（Reumann et al.，2007）。此外，作为 NS 的底物，OSB-CoA 在生理性 pH 值下是很不稳定的，特别在体外很容易自发分解形成 OSB 的螺双内酯结构，但是这一降解过程在植物体内是否也会发生，目前为止还没有研究报道。

OSB-CoA 连接酶可以激活 OSB 琥珀酰基侧链的羧基，从而产生一个高能键可与辅酶 A（CoA）结合(Kolkmann et al.，1987)（图 1-8）。而在拟南芥中，人们通过比对 CoA 连接酶家族的蛋白，找到了一个参与这一步反应的 OSB-CoA 连接酶 AAE14，同时鉴定到了相应的 T-DNA 插入突变体（Kim et al.，2008）。结果显示，该突变体缺少叶绿醌，并积累了 OSB，同时外源表达 AAE14 可以成功回补细菌的 menE 突变体，这进一步证实了 AAE14 确实参与了 OSB-CoA 的生成。同时，研究人员发现 AAE14 是一个双定位蛋白，在叶绿体和过氧化物酶体中均有分布（Kim et al.，2008；Babujee et al.，2010）。因此，我们推断 OSB 和 OSB-CoA 这两个物质应该在叶绿体和过氧化物酶体中可以自由穿梭，以满足萘醌环合成过程中所必需的底物。然而，在拟南芥中过表达该酶并没有提高植物体内叶绿醌的含量，而是与野生型含量基本一致（Lohmann et al.，2006；Kim et al.，2008）。

随后，在 DHNA-CoA 硫酯酶（DHNAT）的催化下，CoA 与 DHNA 脱离，最终形成 DHNA（Widhalm et al.，2009）（图 1-8）。起初该酶只在蓝藻中发现并被人们研究了其功能，直到最近研究人员才在拟南芥中证实了有两个 DHNAT 的存在，GFP 融合实验证明了这两个酶均定位于过氧化物酶体中，并通过 T-DNA 插入部分敲除突变体去进一步验证了这一酶参与萘醌环的生物合成（Widhalm et al.，2012）。

新合成的 DHNA 随后被重新运输回叶绿体中，在 DHNA 植基转移酶（ABC4）的催化下，偶联植基生成去甲基化叶绿醌（demethylphylloquinone）（图 1-8）。ABC4 是在植物中第一个鉴定到的参与叶绿醌生物合成的酶（Shimada et al.，2005），定位在叶绿体被膜上，直接参与 DHNA 的乙酰化。

紧接着，II 型 NADPH 脱氢酶 1（NDC1）和去甲基化叶绿醌甲基转移酶（MENG）转移一个甲基到去甲基化叶绿醌中，最终生成叶绿醌（Lohmann et al.，2006；Fatihi et al.，2015）（图 1-8）。其中 NDC1 是近年来新发现的一个参与叶绿醌生物合成途径的酶，定位于类囊体膜上。在 ndc1 突变体中，叶绿醌缺失，而去甲基化的叶绿醌大量积累（Fatihi et al.，2015），这一结果与 menG 突变体的极为相似。通过化学建模以及离体分析实验，研究人员发现，在叶绿醌合成途径中，最后一步的甲基化过程并不是像人们早先熟知的那样，直接在去甲基化叶绿醌上加一个甲基，而是需要先在 NDC1 的催化下将其还原成去甲基化叶绿醇（demethylphylloquinol），再转移甲基形成叶绿醌。

以上研究表明在高等植物中，叶绿醌的生物合成，特别是萘醌环的合成途径主要在叶绿体和过氧化物酶体中完成，涉及代谢中间产物的转运以及两细胞器间的协同作用(Reumann，2013)。此外，该途径中的异戊烯化过程主要发生在叶绿体被膜上，而甲基化过程主要在类囊体膜上进行。

1.2.4.2 支链（植基二磷酸）的合成——植醇磷酸化途径

长期以来，人们对叶绿醌生物合成途径的研究都主要集中在萘醌环的合成上，而对其植基侧链的合成关注得很少。过去的研究表明，植基二磷酸（phytyl-PP）是一个极为重要的代谢中间体，是提供植基侧链的一个直接底物，并参与了生育酚和叶绿素的生物合成（图 1-9）。然而人们一直认为，植基二磷酸主要来自类异戊二烯的从头合成（isoprenoid de novo synthesis），并最终在 GG-PP 还原酶（GGR）的作用下还原香叶酰基香叶酰二磷酸（GG-PP）生成(Keller et al.，1998)。但是，人们通过体外在红花细胞培养基中添加植醇（phytol）后，发现生育酚的含量大幅提升。这一现象引起了有关植基二磷酸来源的广泛讨论，随后一个新的来自色素降解的"补救合成途径"被人们所发现并逐渐被接受（图 1-9）。

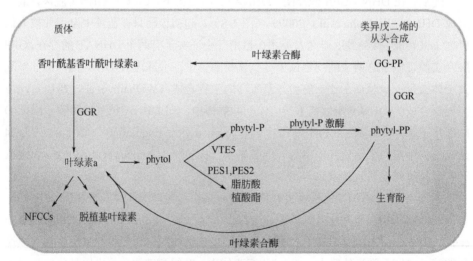

图 1-9　植物中植基二磷酸的合成途径（vom Dorp et al.，2015）

在某些特定的条件下，叶绿素 a 在叶绿素酶（chlorophyllase）的催化下水解生成植醇（phytol），随后 phytol 通过两步连续的植醇磷酸化过程逐步形成植基单磷酸（phytyl-P）和植基二磷酸（phytyl-PP）（Ischebeck et al.，2006）。植醇激酶 VTE5（vitamin E deficient 5）是最早发现的参与植醇磷酸化过程的酶，由基因 At5g04490 编码，定位于叶绿体，它可以在 CTP 的作用下催化 phytol 生成 phytyl-P（Valentin et al.，2006）。这一发现很好地解释了叶片在自然衰老和人为诱导衰老过程中，色素的降解与生育酚含量上升之间的紧密联系。研究表明，在 VTE5 缺失的突变体中，其种子里仅含有约 20% 的生育酚，同时植醇大量累积。这一结果表明，植物中参与生育酚合成的植基二磷酸主要是通过植醇磷酸化途径合成的，而非来自 GG-PP 的还原。

然而在后来的很长一段时间里，另一个参与植醇磷酸化过程的酶——植基单磷酸激酶（phytyl-P kinase）一直没有被鉴定到。直到最近，研究人员运用种系发生学的方法，在 SEED 数据库中，通过跨不同生物界比对不同物种间参与类异戊二烯从头合成、色素代谢以及异戊二烯二磷酸长链合成相关代谢途径的蛋白，发现在一些细菌基因组中有一个与拟南芥 VTE6 基因同源的开放阅读框 COG1836，并在拟南芥（At1g78620）和集胞藻（sll0875）中具有较高的同源性（Seaver et al.，2014）（彩插 1）。

拟南芥中，推测的植基单磷酸激酶（VTE6）由 At1g78620 基因编码，其 N 端有一个约 65 个氨基酸长度的定位于叶绿体的信号肽（ChloroP 1.1 Server）。同样，之前的研究也证明菠菜中其同源蛋白定位于叶绿体中(Ferro et al.，2002)。紧接着研究人员通过体内和体外的酶活测定实验，证实了拟南芥 VTE6 确实具有植基单磷酸激酶活性（vom Dorp et al.，2015）。vte6 完全缺失突变体 vte6-1 和 vte6-2 不能光合自养，需要在外源提供蔗糖的条件下生长，其叶片中 phytyl-PP 和 tocopherol 含量急剧下降，phytyl-P 含量升高，过表达 VTE6 可使种子中的 phytyl-PP 和 tocopherol 大量累积，这些结果表明 VTE6 直接参与植醇磷酸化的最后一步——催化 phytyl-P 生成 phytyl-PP（vom Dorp et al.，2015）。然而，截至目前所有的研究表明来自植醇磷酸化的植基二磷酸对生育酚的生物合成很重要，而它是否也参与叶绿醌的生物合成还没有报道。

1.2.5　蓝藻中叶绿醌生物合成途径

与植物类似，蓝藻中叶绿醌的生物合成途径也是通过与细菌中参与甲萘醌（维生素 K_2）生物合成的各个酶（men 基因编码）进行同源比对而获得的（图 1-10）。由于叶绿醌与甲萘醌主链结构一致而支链不同，因此，两者合成途径唯一的差别就在于蓝藻中 MenA 蛋白为植基转移酶，而细菌中为异戊烯基转移酶。研究发现，体

外敲除其中的 *menD*，*menE*，*menB* 和 *menA* 这四个基因会导致叶绿醌的完全缺失（Johnson et al.，2003；2000），添加外源维生素 K_1 和一些其他的萘醌类物质，蓝藻体内叶绿醌的含量则会恢复（Johnson et al.，2001），这一结果说明，蓝藻中叶绿醌确实是通过类似细菌中 *men* 途径合成的。

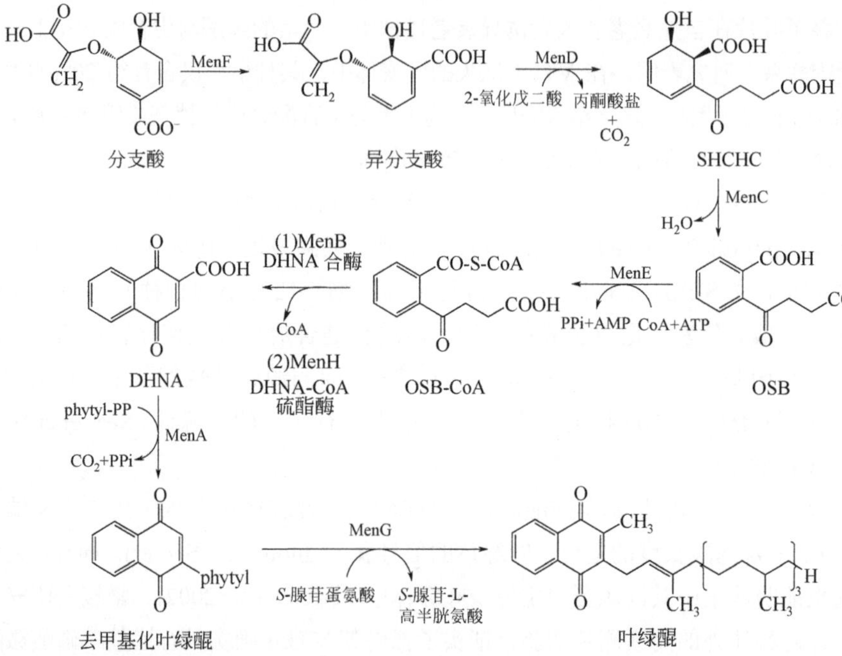

图 1-10　蓝藻中叶绿醌生物合成途径（修改自 Johnson et al.，2003）

1.2.6　叶绿醌维持 PS I 的功能研究

近年来，随着植物中叶绿醌生物合成途径中各个酶的突变体的发现，人们开始从遗传学上探究叶绿醌维持植物光合作用以及光合生物生长方面的功能。在拟南芥中，叶绿醌缺失的突变体表现出无法光合自养甚至出现致死表型（Shimada et al.，2005；Gross et al.，2006；Kim et al.，2008）。在 *abc4* 突变体中，叶绿醌的缺失使得 PS I 活性几乎完全丧失，其核心亚基 PsaA/PsaB 完全丢失，但是其质体醌的含量和 PS II 活性未见明显下降（Shimada et al.，2005）。而在 *pha* 突变体中，PS I 活性降低了 75%～95%，同时 PS I 的各个亚基也相应减少（Gross et al.，2006）。然而，对于 NDC1 和 MENG 这两个参与叶绿醌合成的最后两步反应的酶来说，它们的敲除突变体并没有任何可见表型，生长基本与野生型一致，推测可能是由于其前体去甲基化叶绿醌的存在，它可以替代叶绿醌的功能，参与PS I 电子传递（Lohmann et al.，2006；Eugeni Piller et al.，2011；Fatihi et al.，2015）。然而，对于叶绿醌的缺失如何影响 PS I 活性以及 PS I 各亚基的累积的分子机理还不明确。

在蓝藻中，叶绿醌缺失的突变体在高光条件下[>120μmol/(m²·s)]不能存活，而在弱光条件下[20～40μmol/(m²·s)]具备一定的光合自养能力，只是它的生长与野生型相比较缓慢，其 PS I 的活性约是野生型的一半而 PS II 活性基本不变（Johnson et al.，2003；2000）。当在培养基中添加葡萄糖后，其生长速率加快，但是高光下仍不能存活。这一结果证明，蓝藻中 *men* 突变体的光损伤可能是由于 PS I 复合物累积量下降使得 PS I 不能有效地利用来自 PS II 的电子，最终导致 PS II 过度还原引起的。此外，人们还通过高效液相色谱和电子顺磁共振能量转移测定的方法发现在这些突变体的 PS I 电子传递链 A_1 位点上存在一个具有与叶绿醌类似结构和功能的醌类——质体醌，它可以部分替代叶绿醌的功能，参与光合电子的传递以维持部分 PS I 活性（Semenov et al.，2000；Zybailov et al.，2000；Lefebvre-Legendre et al.，2007）。但在 *menG* 敲除突变体中，研究人员在 PS I 电子传递链 A_1 位点上并没有检测到质体醌，而是检测到了其前体去甲基化叶绿醌的存在，并且在正常光照下，其生长速率和光合活性与野生型基本一致。

1.3　生育酚概述

维生素 E 是 20 世纪 20 年代被发现的可以维持人体健康的必需营养素之一，仅由光合生物（所有植物、藻类和大多数蓝藻）合成，包括生育酚（tocopherols）和三烯生育酚（tocotrienols）两种（Dasilva et al.，1971；Sheppard et al.，1993；Horvath et al.，2006）。

1.3.1　生育酚的结构

从结构上看，维生素 E 的这两种形式主链相同（chroman-6-ol 结构），只是侧链有所差别。生育酚包含一个来自 phytyl-PP 的饱和烃侧链，而三烯生育酚则是包含一个来自 GG-PP 的含三个双键的侧链（图 1-11A）。在自然界中一共存在四种形态的生育酚和三烯生育酚，根据其主链上甲基的数量和位置的不同可将其分为 α、β、γ和δ四种（图 1-11B），其中只有 α型生育酚是维生素 E 中具有活性的组分。

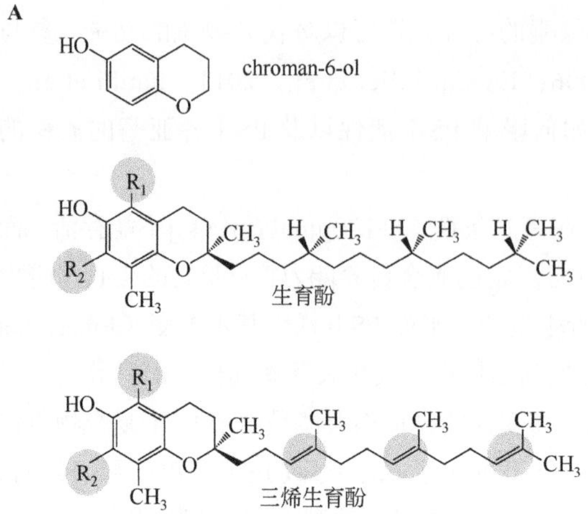

A

HO — chroman-6-ol

HO — R_1 / R_2 ... CH₃ ... 生育酚

HO — R_1 / R_2 ... 三烯生育酚

B

组分	R_1	R_2
α-tocopherol	CH₃	CH₃
α-tocotrienol	CH₃	CH₃
β-tocopherol	CH₃	H
β-tocotrienol	CH₃	H
γ-tocopherol	H	CH₃
γ-tocotrienol	H	CH₃
δ-tocopherol	H	H
δ-tocotrienol	H	H

图 1-11　生育酚和三烯生育酚的结构（Dellapenna et al.，2011）

1.3.2　生育酚的分布及功能

研究表明，不同植物及组织间其维生素 E 的含量和组分差别很大。一般而言，光合组织中包含的总维生素 E 含量较低（未受胁迫的绿色叶片中含量为 10～50μg/g FW）（FW 指鲜重），但是其 α 型生育酚的含量却占有绝大多数比重。种子中包含的总维生素 E 含量最高（300～2000μg/g oil）（McLaughlin et al.，1979；Hess，1993；Grusak et al.，1999）。然而，在大多数种子作物中（包含那些可作为食用油原料的作物），α 型生育酚往往含量低，而 β、γ 和 δ 型生育酚以及三烯生育酚往往占主导地位，尽管它们的活性相对较低（表 1-2）。

表 1-2　不同植物与籽油中维生素 E 含量及其组分的分布

植物和器官	总生育酚含量 /(μg/g FW 或 μg/g oil)	α-生育酚 占比/%	其他种类生育酚和 三烯生育酚占比
拟南芥叶片	10～20	90	10% γ-T
拟南芥种子	200～300	2	95% γ-T；5% δ-T
马铃薯块茎	0.7	90	10% β-T；γ-T
莴笋叶	7	55	45% γ-T
菠菜叶	30	63	5% γ-T；33% δ-T
大米（白色颗粒）	17	18	30% α-T3；30% γ-T3；18% γ-T
玉米种子	60	10	75% γ-T；15% $\alpha\beta$-T3
玉米籽粒油分	1000	20	70% γ-T；7% δ-T
大豆种子油分	1200	7	70% γ-T；22% δ-T
向日葵种子油分	700	96	4% $\gamma\beta$-T

注：1. α-T、β-T、γ-T 和 δ-T 分别代表 α、β、γ 和 δ 四种生育酚。α-T3、β-T3、γ-T3 和 δ-T3 分别代表 α、β、γ 和 δ 四种三烯生育酚。

2. 无特殊说明，该数据表示其平均值 (源自 Grusak et al.，1999)。

在植物细胞中，绝大多数的生育酚都在质体中保存，也有个别情况下在内质网中分布（种子器官）（Bucke，1968）。在叶绿体中，生育酚大都集中在被膜和类囊体膜之间（Lichtenthaler et al.，1981；Heber et al.，1981；Soll et al.，1985）。其中质体小球（类囊体膜上突出的单层亚细胞结构单元）含有约 1/3 的生育酚（Vidi et al.，2006；Austin et al.，2006）。在某些生物胁迫条件下（如高光、干旱、高温、低温以及有毒金属等），光合器官中的生育酚含量会急剧上升（Ledford et al.，2004；Munne-Bosch et al.，1999；Luis et al.，2006；Bergmüller et al.，2003），以保护植物的光合膜系统免受氧化胁迫（Munne-Bosch et al.，2002）。

生育酚是一个天然的脂溶性抗氧化剂，在动物和光合组织中，它可以与多不饱和酰基进行反应以保护膜脂（特别是多不饱和脂肪酸）免于氧化损伤，因此它可以广泛用于化妆品和护肤产品中，充分发挥其抗肿瘤、光保护和稳定皮肤屏障的性能（Thiele et al.，2007）。它还可以通过物理或者化学猝灭的方法清除动植物体内的活性氧（特别是单线态氧）（Siegel et al.，1997；Lass et al.，1998；Kruk et al.，2000；Munne-Bosch et al.，2005），这种机制对于植物适应不同的环境发挥着极其重要的作用（Kruk et al.，2005；Gruszka et al.，2008；Triantaphylides et al.，2009）。此外，维生素 E 在动物体内还可以预防某些心血管疾病（如动脉粥样硬化）（Gey et al.，1991；Munteanu et al.，2007）、癌症（Coulter et al.，2006；Albanes et al.，2000；1995）以及一些神经退行性变性疾病（如阿尔茨海默病、帕金森病等）（Berman et al.，2004；Fariss et al.，2003）等。

1.3.3 生育酚的生物合成途径

早在 20 世纪 80 年代，人们就在分离的叶绿体和蓝藻中通过同位素示踪法阐明了生育酚的合成途径。生育酚的生物合成途径与叶绿醌的合成途径类似，可分为两个分支，一是主链（chroman-6-ol 环）的形成，二是支链（植基二磷酸）的形成。其中支链合成途径与叶绿醌的相同，主链合成涉及一系列的酶促反应（图 1-12）。首先是对羟基苯丙酮酸（HPP）在 HPPD（PDS1）的催化下合成尿黑酸（HGA）（Norris et al.，1998）。HGA 作为一个重要的中间代谢产物一方面在 HPT（VTE2）的催化下与 phytyl-PP 反应进入生育酚的合成途径（Collakova et al.，2001；Schledz et al.，2001；Savidge et al.，2002），另一方面在 HST（PDS2）的催化下与 solanesyl-PP 反应进入质体醌的合成途径（Norris et al.，1998；Venkatesh et al.，2006；Tian et al.，2007）。在随后的生育酚合成途径中 MPBQ 在 VTE3 和 VTE1 两个酶的催化下形成 γ 型生育酚或者是直接由 VTE1 催化生成 δ 型生育酚，进一步在 VTE4 催化下加一个甲基生成 α 型或者 β 型生育酚。其中 VTE1 和 VTE3 这两个酶同样参与质体醌的合成。根据参与生育酚合成过程中的各种酶的突变体研究表明，在正常生长条件下，植物中缺失生育酚不会产生明显的表型，不影响植物正常的生长发育，只是影响了生育酚的含量及其种子的萌发。但在 *vte3* 突变体中，由于缺少质体醌，最终会使植株产生致死的表型（Cheng et al.，2003；Motohashi et al.，2003；Van Eenennaam et al.，2003）。

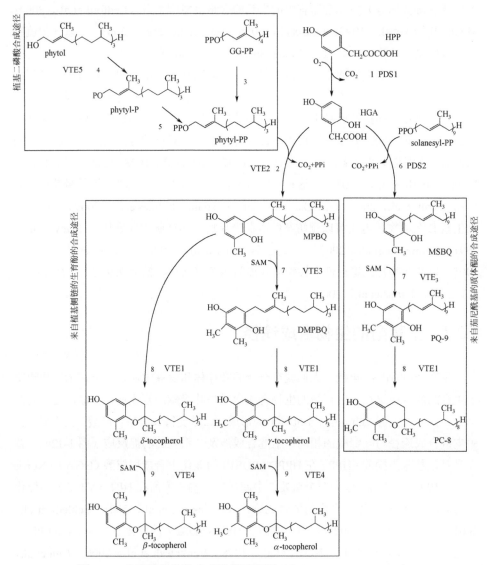

图 1-12　生育酚的生物合成途径示意图（Dellapenna et al.，2011）

PDS1—八氢番茄红素脱氢酶 1；PDS2—八氢番茄红素脱氢酶 2；MPBQ—2-甲基-6-植基-1,4-苯醌；DMPBQ—甲基化的 MPBQ；MSBQ—2-甲基-6-茄尼酰基-1,4-苯醌；PQ-9—质体醌-9；PC-8—质体蓝素-8

1.4　研究设想及意义

植基二磷酸作为一个重要的代谢中间产物，参与了生物体内植醇磷酸化途径，也是生育酚、叶绿醌和叶绿素合成的共同底物。目前，对于植基二磷酸的研究仅局限于影响生育酚的合成上，对于其另一个代谢产物叶绿醌的研究很少。那么，植物中参与叶绿醌合成的植基二磷酸是否与生育酚一样，也主要是通过植醇磷酸化途径合成而非 GG-PP 的还原呢？

在植物和蓝藻中，叶绿醌缺失的突变体会呈现出类似 PSⅠ缺失突变体的表型，但其中具体的分子机理还不明确。需要解决的关键问题就在于叶绿醌的缺失为什么会导致 PSⅠ活性降低？是影响了 PSⅠ各亚基的合成、组装？还是导致了 PSⅠ复合物的不稳定？

为此，本书详细介绍了植醇磷酸化途径中的关键酶——植基单磷酸激酶（VTE6）的功能，从分子水平揭示了植醇磷酸化途径参与叶绿醌和生育酚的生物合成，进一步从植物生理学、分子生物学及遗传学等多方面系统性地研究了叶绿醌在光合电子传递链上发挥的重要作用，并揭示了其参与光系统Ⅰ复合物生物发生的分子机理，为进一步完善叶绿醌生物合成途径和了解 PSⅠ生物发生机制提供新的理解和认识。

第二章

植醇磷酸化途径
参与叶绿醌生物
合成研究

2.1 研究方案

生物体内，叶绿素降解产物植醇经过两步磷酸化反应最终生成植基二磷酸
（phytyl-PP）（Ischebeck et al.，2006），这一过程被称作植醇磷酸化途径。除此之
外，phytyl-PP 还可通过从头合成途径，即通过香叶酰基香叶酰二磷酸（GG-PP）的
还原产生(Keller et al.，1998；Ischebeck et al.，2006)。在植物叶片中，植醇磷酸盐类
以及香叶酰基香叶酰二磷酸盐类是生物体内重要的中间代谢产物，用于合成叶绿素、
生育酚、叶绿醌以及类胡萝卜素，但是由于它们的含量较低给定量测定带来了许多
困难，因此本研究利用同位素标记结合薄层层析和 LC-MS 的方法，对 phytyl-P、
phytyl-PP 和 GG-PP 进行了检测；同时，利用 HPLC 的方法对叶绿素、生育酚、叶
绿醌进行了测定。

2.1.1 研究材料

根据 vom Dorp 等（2015）研究发现，VTE6 蛋白具有植基单磷酸激酶活性，参
与植醇磷酸化途径转化植基单磷酸（phytyl-P）生成植基二磷酸（phytyl-PP），为此
本章将利用拟南芥 VTE6 完全缺失突变体 *vte6-1* 和 *vte6-2*，以及不完全缺失突变体
vte6-3 进行研究和验证。

2.1.2 研究方法

2.1.2.1 拟南芥突变体的鉴定与筛选

突变体 *vte6-3* 的纯合体筛选以及确定 T-DNA 插入的位置所用引物为 P1、P3、
P4 和 P5。突变体 *vte6-1* 和 *vte6-2* 的纯合体筛选所用引物分别为 P6 和 P7，转座子
Ds3-2a H-edge 上游引物和 P7（*vte6-1*）以及转座子 *Ds5-2a G-edge* 上游引物和 P7
（*vte6-2*）。

基于 DNA 和 RNA 水平鉴定并获得纯合突变体后，跟踪观察培养皿中以及移栽
到土中的植株生长表型，并通过叶绿素荧光诱导动力学的测定，筛选出可能影响 PS
Ⅰ功能的突变体。

2.1.2.2 拟南芥 *vte6-3* 突变体的互补

以拟南芥 Columbia-0 生态型的野生型 cDNA 为模板，扩增 *VTE6* 基因片段并将
其克隆到含有花椰菜花叶病毒 35S 启动子的 pCAMBIA1301 载体上。将构建好的载

体转入农杆菌（*Agrobacterium tumefaciens*）GV3101 菌株中，并侵染 *vte6-3* 杂合体。将获得的 F1 代种子在含有 40 mg/L 潮霉素的 MS 培养基中进行阳性苗筛选，移栽后通过 RNA 和蛋白水平进行确认。

2.1.2.3 植物基因组 DNA 提取

（1）称取 0.1 g 左右叶片于 1.5 mL 离心管中，液氮速冻并快速研磨成粉末。

（2）加入 500 μL 65℃预热的 DNA 抽提液[2%（质量浓度）CTAB, 1.4mol/L NaCl, 20mmol/L EDTA, 100mmol/L Tris-HCl, pH=8.0, 2%（质量浓度）PVP, 2%巯基乙醇]，振荡混匀后 65℃温浴 30 min。

（3）室温冷却，加等体积氯仿，混匀后静置 5 min，室温、12000r/min 离心 15min。

（4）上清移至新的离心管中，加 2 倍体积预冷的无水乙醇，混匀后−20℃沉淀 20 min。

（5）4℃、12000r/min 离心 15min，弃上清。

（6）沉淀用 70%（体积分数）乙醇洗涤 2～3 次，倒置晾干。

（7）倒置晾干后加入适量的灭菌 ddH_2O 溶解 DNA。

2.1.2.4 RNA 提取及反转录 PCR（RT-PCR）

（1）称取 0.1g 左右叶片于 RNase-free 的 1.5 mL 离心管中，液氮速冻并快速研磨成粉末后，加入 1mL Trizol（Invitrogen）裂解，剧烈振荡后室温放置 5 min。对于蓝藻 RNA 提取，离心收集适量的细胞，速冻 5 min 后放于冰上使其溶解。如此反复冻融 3～5 次，加入 1 mL Trizol（Invitrogen）研磨使其充分裂解，剧烈振荡后室温放置 5 min。

（2）向离心管中加入 200μL 氯仿，涡旋振荡 15s，室温放置 2～3min，4℃、12000r/min 离心 15min。

（3）将上层水相转移到新的离心管中，加入 500μL 异丙醇，混匀，室温放置 10min 后于 4℃、12000r/min 离心 10min。

（4）弃上清，用 1mL 75%（体积分数）乙醇洗涤 1 次并于 4℃、7500r/min 离心 5min，弃上清。

（5）将离心管倒置晾干后，用 RNase-free 的水溶解 RNA 沉淀。

（6）用紫外分光光度计测定 OD_{260} 和 OD_{280}，以确定 RNA 浓度（OD_{260}×40×稀释倍数，μg/mL）。其中，OD_{260}/OD_{280} 在 1.8～2.0 之间表示 RNA 纯度高。

（7）取 1μg RNA，以 Random Primer（25μmol/L）或者 oligo dT（50μmol/L）为引物合成 cDNA 第一链，再利用 MLV 反转录酶（Takara）得到 cDNA，直接用基

因特异性引物合成第二链，同时以 *Tubulin* 基因作为内参保证模板量的一致性。具体反转条件如表 2-1。

表 2-1　cDNA 合成

反应成分	反应量/μL	反应条件
cDNA 第一链	7	
5×M-MLV buffer	2	混合后于 42℃反应 1h，70℃反应
M-MLV	0.25	15min，4℃终止反应。用 Random
RRI	0.25	Primer 反转，需在 42℃反应前用 30℃
dNTP（10mmol/L）	0.5	反应 10min
总体积	10	

2.1.2.5　植物叶绿素含量测定

称取 0.1 g 左右新鲜叶片，剪碎后浸泡在 80%（体积分数）丙酮中萃取色素，室温黑暗过夜，直至叶片色素被完全萃取。室温、8000g 离心 10 min 后取上清，用紫外分光光度计分别测定 663 nm 和 645 nm 处的吸收值，即 OD_{663} 和 OD_{645}，根据以下公式计算叶绿素含量（Porra et al.，1989）：

Chl a (μg/mL)=(12.7×OD_{663}−2.69×OD_{645})×稀释倍数

Chl b (μg/mL)=(22.9×OD_{645}−4.64×OD_{663})×稀释倍数

Chl (a+b) (μg/mL)=(20.2×OD_{645}+8.02×OD_{663})×稀释倍数

2.1.2.6　VTE6 蛋白抗体的制备

VTE6 抗原多肽由西美杰公司合成。根据 VTE6 蛋白特性，选取其可溶性部分 158～172 位的 15 个氨基酸（KMTQKEAQGVAEKRK）进行 VTE6 多肽抗体的制备，并在其 N 端加上一段半胱氨酸残基，同时偶联血蓝蛋白（hemocyanin）。将制备好的 VTE6 抗原多肽免疫兔子，四次免疫后测定效价。

2.1.2.7　免疫印迹实验

（1）总蛋白提取

取 0.1g 叶片，液氮研磨后加入 1mL 全蛋白提取液[125mmol/L Tris-HCl，pH=8.8，1%（质量浓度）SDS，10%（体积分数）甘油，50mmol/L $Na_2S_2O_5$]，室温、12000g 离心 10min，将上清移至新的 1.5mL 管中即为叶片全蛋白(Martínez-García et al.，1999)。同时使用 Bio-Rad DC 蛋白浓度测定试剂盒来检测全蛋白浓度。

（2）SDS-PAGE 电泳及 Western-blot 分析

① 将定好量的全蛋白溶液稀释成浓度为 1mg/mL 的母液，野生型（WT）继续稀释成 1/4WT 和 1/2WT 两个梯度，并加入上样缓冲液[10mmol/L Tris-HCl, pH=6.8, 6mol/L（质量浓度）尿素，10%（体积分数）甘油，2%（质量浓度）SDS，5%（体积分数）β-巯基乙醇，0.02%（质量浓度）溴酚蓝]，室温下振荡使之充分变性，12000g 离心 10min，去上清上样，根据需要进行 12%～15% 的 SDS-PAGE 电泳。

② 电泳设定为恒流，每块胶 10mA，电泳时间约 3.5h，待溴酚蓝前沿接近或刚跑出凝胶板下沿时停止电泳。接下来，一方面进行 Western-blot 检测，一方面进行考马斯亮蓝染色及脱色。

染色液配制方法：3g 考马斯亮蓝 R-250 溶解于水中，加入 250mL 甲醇和 100mL 乙酸，混匀后加水定容至 1L，搅拌过夜后过滤即可。

脱色液配制方法：300mL 甲醇和 200mL 乙酸，混匀后加水定容至 1L，密封保存。

③ Western-blot 检测。首先将电泳完的 SDS-PAGE 胶上的蛋白转移到 PVDF 膜上，转膜前先将与胶大小一致的 PVDF 膜用甲醇浸湿以活化表面电荷。在转膜夹中依次放入纤维垫、三层滤纸、PVDF 膜、电泳凝胶、三层滤纸、纤维垫，形成一个三明治结构，务必确保胶在负极，膜在正极，膜与胶之间尽量避免气泡的产生。之后将其放入转膜液（28.g 甘氨酸，6.05 g Tris，200mL 甲醇，加水定容至 2 L）中，180mA 恒流电转 1.5h。

④ 转膜完成后，立即将 PVDF 膜取出放入预先备好的甲醇溶液中漂洗 1min 左右以除去多余的转膜液，室温晾干。放入含有 5%（质量浓度）脱脂奶粉的 TBST[50mmol/L Tris-HCl，pH=7.4，150mmol/L NaCl，0.05%（体积分数）Tween-20] 中封闭去除杂蛋白的影响，室温 2h，期间保持摇床缓慢摇动。

⑤ 封闭后将膜转移至含有 1%（质量浓度）脱脂奶粉的 TBST 中，按一定的稀释倍数加入一抗，室温摇床缓慢孵育 2h，或 4℃结合过夜。完成后用 TBST 将膜清洗 3 次，每次 5min。按照 1∶10000（体积比）的稀释倍数在 TBST 中加入二抗（羊抗兔辣根过氧化物酶 HRP 抗体），继续室温摇床缓慢孵育 2h，之后用 TBST 将膜清洗 3 次，每次 5min，接下来即可进行化学发光。如果抗体结合背景较高，可以适当增加一抗孵育脱脂奶粉的浓度或者延长洗涤时间并增加洗涤次数。

⑥ 暗室中，将化学发光液 A 和 B 等体积混合，涂于 PVDF 膜上，覆盖一层保鲜膜将其压平，室温反应 1～5min 后放入曝光夹中，迅速压上 X 光胶片，一定时间后将胶片取出，经过显影、定影后，清水冲洗胶片晾干，扫描分析。

2.1.2.8 叶绿醌和生育酚含量测定

叶片叶绿醌和质体醌含量测定参照 Kruk 等（2006）的方法。在 100 mg 新鲜叶片中加入 1mL 预冷的乙酸乙酯在冰上进行研磨以充分萃取醌类物质，之后再加入

1mL 预冷的乙酸乙酯继续萃取两次。随后将上述几次的抽提物混合后迅速抽干，加入 200μL 展开剂[甲醇：正己烷, 17：1（体积比）]，4℃、16000g 离心 20min，上清直接用于 HPLC 分析。测定叶绿醌和质体醌使用 SunFire C18 柱(250mm×4.6mm，5μm，Waters，USA)，等度洗脱，洗脱剂为甲醇：正己烷[17：1(体积比)]，流速 1.5mL/min。使用光电二极管阵列检测器（PDA, Waters, USA）分别在 270 nm 和 254nm 处检测叶绿醌和质体醌。参照两者的标样，可以确定其出峰时间。根据测定两者的标准曲线可计算具体含量。其中叶绿醌标样购置于 Sigma-Aldrich (USA)，而质体醌标样为本实验室根据 Malferrari 等（2014）的方法从菠菜中制备。

叶片生育酚含量测定参照 Falk 等（2003）的方法。取 100mg 新鲜植物叶片于液氮中研磨成粉末，加入两倍体积的正庚烷，充分振荡混匀后，置于–20℃过夜萃取。4℃、13000g 离心 10min，收集上清。沉淀继续用 100μL 正庚烷再萃取一次。将两次收集的上清混合，抽干后用少量正庚烷溶解，4℃、16000g 离心 20min，上清直接用于 HPLC 分析。测定生育酚使用 LiChrosphere Si 100 柱(10mm×250mm，5μm)，等度洗脱，洗脱剂为正庚烷：异丙醇（99.5：0.5，体积比），流速 1mL/min。使用荧光检测器（Waters 2475，USA）检测生育酚，其中激发波长为 290nm，发射波长为 328nm。生育酚标样购置于 Sigma-Aldrich (USA)。

2.1.2.9　LC-MS 测定植基二磷酸含量

植物体内植基二磷酸（phytyl-PP）的提取与测定参照 vom Dorp 等（2015）的实验方法，但略有改动。取 50mg 叶片，液氮速冻后研磨成粉末，加入 200μL 异丙醇：50mmol/L KH_2PO_4：乙酸[1：1：0.025（体积比）]，继续研磨 1~2min，加入 200μL 石油醚（40~60℃），石油醚事先用 1：1（体积比）的异丙醇：水进行饱和处理。室温、100g 离心 1min，弃上清。将上述步骤重复三次，以去掉多余的脂质和色素。随后加入 5μL 饱和的$(NH_4)_2SO_4$ 和 600μL 甲醇：氯仿[2：1(体积比)]，涡旋混匀，室温放置 20min，21000g 离心 2min，将上清转移至新的玻璃管中，真空抽干，送样检测。其中内参 GG-PP 购置于 Sigma-Aldrich(USA)，而 phytyl-PP 是本实验室根据 Joo 等（1973）的方法进行体外制备。

LC-MS 检测柱子选用的是 Zorbax Eclipse XDB C8 柱(4.6mm×50mm，3.5μmol/L，Agilent Technologies)。HPLC 流动相为乙腈和 5mmol/L 醋酸铵，梯度洗脱，流速 0.5mL/min，共 20min，此期间乙腈浓度由 20%逐步升至 100%。使用 Agilent 6530 Accurate Mass Q-TOF 仪器进行 ESI 离子源质谱，通过碰撞诱解离后采用负离子模式分析。通过测定标样确定 GG-PP、phytyl-PP、phytyl-P 的出峰时间及其各自的质荷比（m/z）。其中 GG-PP 质荷比为 449.05±0.05、phytyl-PP 质荷比为 455.10±0.05、

phytyl-P 质荷比为 375.15±0.05。

2.1.2.10　薄层色谱检测

2.1.2.10.1　[γ-^{32}P]胞苷三磷酸（CTP）的合成

参照 Ischebeck 等（2006）的方法，所需试剂为[γ-^{32}P]ATP（500 Ci/mmol）、胞苷二磷酸（CDP）和核苷二磷酸激酶。具体反应体系是：30mmol/L CDP，10mmol/L MgCl$_2$，80mmol/L Tris-HCl，pH=7.5，10 个单位的核苷二磷酸激酶以及 100μCi 的[γ-^{32}P]ATP，总体积为 100μL，室温反应 2h 即可。反应产物可直接用于接下来的磷酸化反应。

2.1.2.10.2　植物叶片蛋白提取

取约 0.1g 叶片，加入 500μL 蛋白提取液（100mmol/L Tris-HCl，pH=7.5，1mmol/L EDTA，2.5mmol/L 二硫苏糖醇，1mmol/L MgCl$_2$，1mmol/L 异抗坏血酸钠，1mmol/L KCl，0.1% BSA），充分研磨后过滤。室温、12000g 离心 30min，上清用于接下来的磷酸化反应。

2.1.2.10.3　[γ-^{32}P]phytyl-P 的合成以及薄层色谱检测

参照 Ischebeck 等（2006）的方法，取上述叶片蛋白提取液 50μL，加入 33mmol/L 植醇，17 pmol [γ-^{32}P]CTP，4mmol/L MgCl$_2$，10mmol/L 原钒酸钠以及 0.05% CHAPS 裂解液，总反应体系为 250μL，30℃反应 1h 后，在反应体系中加入 500 μL 水饱和的正丁醇终止反应，剧烈振荡，室温、16000g 离心 3min，收集有机相，该步骤重复三次，以实现脂类的充分抽提。随后将三次的有机相混合抽干，抽干后用 10 μL 水饱和正丁醇重悬，用微量注射器将其均匀点于 silica 250-PA TLC 薄层色谱板上，展开剂为异丙醇：氨水（32%）：水[6：3：1(体积比)]。待样品前沿接近层析板边缘时将其取出，吹干后直接放入磷光剂增感屏（GE Healthcare）中进行放射自显影。

2.2　拟南芥 *vte6* 突变体的表型、鉴定与互补研究

为了鉴定参与叶绿醌生物合成的调节因子并揭示其参与光合调控的分子机理，从 ABRC（Arabidopsis Biological Source Center）订购了一系列拟南芥 T-DNA 插入突变体并对其进行了表型筛选。其中的一个纯合突变体 *vte6-3* 表现为植株矮小，叶片呈现浅黄绿色，且能够在正常的生长条件下于土中进行光合自养生长（彩插 2A），但是其生长速率极其缓慢，开花时间相对野生型（WT）滞后（彩插 2B）。我们提取了 *vte6-3* 突变体基因组，从 DNA 水平上鉴定并筛选了一批纯合突变体（彩插 2D）。在该突变体中，T-DNA

插入到 *VTE6/At1g78620* 基因的第五个外显子上（彩插 2C），从而导致了该基因的表达量及其蛋白含量急剧下降（大约降到野生型的 10%）（彩插 2E 和 F）。为了确认 *vte6-3* 突变体的表型是由于缺少 *VTE6/At1g78620* 基因造成的，对该突变体进行了表型互补实验。通过潮霉素筛选得到阳性互补苗后，其互补株系（*vte6-3com*）表现出与野生型一样的表型特征（彩插 2A 和 B）。进一步从 RNA 和蛋白水平以及色素含量上鉴定突变体互补株系（彩插 2E～G）。结果显示，在互补植株中，*At1g78620* 基因及其蛋白均能和野生型一样正常累积，同时叶绿素含量也与野生型的一致。因此，*vte6-3* 突变体的表型确实是由于 *VTE6/At1g78620* 基因表达量的急剧下降引起的。

最近，研究人员通过体外生化实验证明 *VTE6/At1g78620* 基因编码的蛋白具有植基单磷酸激酶活性，并与植醇激酶（VTE5，vitamin E deficient 5）共同参与叶绿体内的植醇磷酸化过程，因此将它命名为 VTE6。同时在它的两个完全敲除突变体 *vte6-1* 和 *vte6-2* 中，生育酚（维生素 E）几乎检测不到，说明该蛋白参与了生育酚（维生素 E）的代谢过程，且对于生育酚的合成是必需的（图 2-1）（vom Dorp et al.，2015）。我们从日本的 RIKEN 种子库中订购了这两个突变体，由于它们的遗传背景为 Nossen 生态型，这与 *vte6-3* 突变体（Columbia-0 生态型）不同，因此同时订购了该生态型的野生型作为实验对照。通过对其进行表型观察发现 *vte6-1* 和 *vte6-2* 突变体生长极其缓慢且叶片发黄，在土中无法进行光合自养。尽管能够在 MS 培养基上生长数月，但无法完成开花而最终萎蔫（图 2-2A）。RNA 和蛋白水平检测证明这两个突变体的致死表型确实是由于 *VTE6/At1g78620* 基因的完全敲除引起的（图 2-2B，图 2-2C）。

由于在 *vte6-1* 和 *vte6-2* 突变体中生育酚含量几乎为零，于是我们检测了 *vte6-3* 突变体中的生育酚含量，结果显示在该突变体中，生育酚的含量大幅下降，这与 VTE6 蛋白水平仅剩 10% 的结果一致（彩插 2H）。因此，这一结果进一步证明 VTE6 蛋白参与了生育酚的合成。

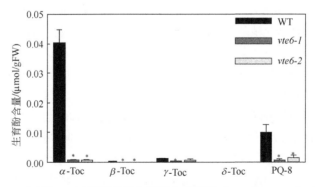

图 2-1　*vte6-1* 和 *vte6-2* 突变体的生育酚含量测定（vom Dorp et al.，2015）

α-Toc、β-Toc、γ-Toc 和 δ-Toc 为不同种类的生育酚；PQ 为质体醌

标尺为 means ± SD（$n=3$），统计学分析方法采用 t 检验（*, $P < 0.05$）

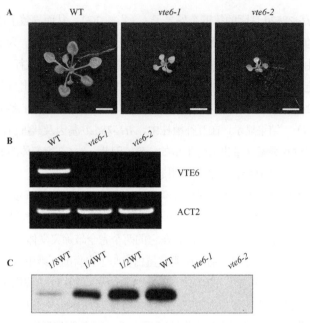

图 2-2　*vte6-1* 和 *vte6-2* 突变体的表型及鉴定

A.*vte6-1* 和 *vte6-2* 突变体在培养基中生长 3 周表型。WT 为 Nossen 生态型，图中标尺为 1cm
B.*vte6-1* 和 *vte6-2* 突变体 RNA 水平鉴定，ACT2 为 ACTIN 蛋白，作为内参
C.*vte6-1* 和 *vte6-2* 突变体蛋白水平鉴定

2.3　VTE6 参与植醇磷酸化途径合成植基二磷酸

在植物体内，叶绿素降解产物植醇经过两步磷酸化反应最终生成植基二磷酸（phytyl-PP）（Ischebeck et al., 2006）。研究发现，在 *vte6-1* 和 *vte6-2* 突变体中，phytyl-P 的含量升高，phytyl-PP 含量降低，而 GG-PP 的含量并没有改变（图 2-3）（vom Dorp et al., 2015）。这一结果说明 VTE6 蛋白具有植基单磷酸激酶活性，参与植醇磷酸化途径转化植基单磷酸（phytyl-P）生成植基二磷酸（phytyl-PP），为此我们利用拟南芥 VTE6 不完全缺失突变体 *vte6-3* 对此进一步验证。

首先利用具有放射性同位素标记的[γ-^{32}P]ATP 体外合成了[γ-^{32}P]CTP，随后将其与植醇和提取的植物叶片蛋白一同进行体外磷酸化反应，并通过薄层色谱（TLC）将不同的脂类分开后进行放射自显影检测。从检测结果中可以看到，野生型（WT）有大量来自[γ-^{32}P]CTP 的放射性信号于 phytyl-P 中检测到，同时也有少量的信号在 phytyl-PP 中检测到。然而，在 *vte6-3* 突变体中，phytyl-P 的含量较野生型增多，而 phytyl-PP 的信号几乎检测不到（图 2-4A）。说明在缺少 VTE6 的条件下，植物叶片中不能有效地合成植基二磷酸。我们进一步利用 LC-MS 测定了叶片中三种异戊二烯磷酸盐（GG-PP、phytyl-P 和 phytyl-PP）的含量。结果显示，在 *vte6-3* 突变体中，phytyl-P 含量大幅上升，为野生型的两倍多，而 phytyl-PP 含量下降到野生型的一半以下，GG-PP 的含量没有太大的变化（图 2-4B）。这些结果验证了 VTE6 蛋白具有植基单磷酸激酶活性，可以催化 phytyl-P 生成 phytyl-PP，而对 GG-PP 的合成没有影响。

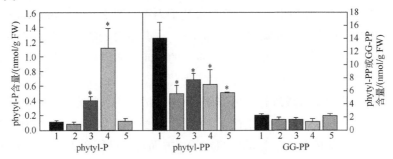

图 2-3　野生型和突变体中异戊二烯磷酸盐类含量测定（vom Dorp et al.，2015）

1—WT；2—vte5-2；3—vte6-1；4—vte6-2；5—vte5-2 vte6-1

野生型和突变体在 MS（添加葡萄糖）培养基中生长 6 周，通过 LC-MS/MS 测定叶片中的异戊二烯磷酸盐含量。标尺为 means ± SD（$n=3$）。统计学分析方法采用 t 检验(*, $P < 0.05$)

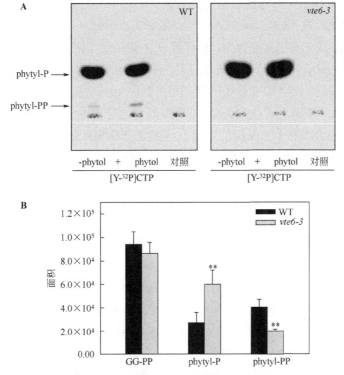

图 2-4　VTE6 蛋白参与植醇磷酸化途径分析

A.薄层色谱检测野生型和 vte6-3 突变体中的植基单磷酸和植基二磷酸含量。对照实验为[γ-^{32}P]CTP 、植醇与 95℃变性的植物蛋白反应的结果

B.LC-MS 测定植物叶片中三种异戊二烯磷酸盐的含量

标尺为 means ± SD（$n=3$）。统计学分析方法采用 t 检验(**, $P < 0.01$)

2.4 植醇磷酸化途径参与叶绿醌的生物合成

已有研究结果表明在 VTE6 完全敲除突变体 *vte6-1* 和 *vte6-2* 中，生育酚（包括 α型、β型、γ型和 δ型生育酚）的含量几乎为零（图 2-1）（vom Dorp et al.，2015）。在 VTE6 不完全敲除突变体 *vte6-3* 中，其生育酚的含量急剧下降（彩插 2H）。phytyl-PP 作为植物体内的一个重要的中间代谢产物，不仅参与生育酚的合成，同时也参与了叶绿醌的生物合成。为此，我们利用 *vte6* 突变体来进一步探究植基侧链在叶绿醌合成过程中的作用。首先用溶剂萃取的方法分离叶片中的醌类组分，并通过 HPLC 进行含量检测。根据叶绿醌和质体醌-9（一个具有与叶绿醌类似结构和功能的醌类）标品的测定，一方面可以进行醌类物质的定量检测，另一方面可以根据各自的吸收光谱推测其出峰时间。HPLC 色谱图检测结果显示，叶绿醌和质体醌-9 信号分别在 9.6min 和 39.3min 被检测到（图 2-5）。同时，结合定量的结果可以看出，在 *vte6-1* 和 *vte6-2* 突变体中几乎没有叶绿醌的累积，而在 *vte6-3* 突变体中，叶绿醌含量下降到野生型的 10%左右（图 2-6A）。此外，与野生型相比，在 *vte6-1* 和 *vte6-2* 突变体中其质体醌-9 的含量降低到野生型的 20%左右，而在 *vte6-3* 突变体中，质体醌-9 含量并没有显著变化（图 2-6B）。以上结果表明，phytyl-PP 含量的降低（约为野生型的 50%以下）导致了叶绿醌含量的大幅下降（*vte6-3* 突变体中下降到野生型的 10%左右）甚至缺失（*vte6-1* 和 *vte6-2* 突变体中下降到野生型的 2%甚至更低），这说明在突变体中剩余的 phytyl-PP 的含量不足以用于叶绿醌的合成，或者说在植物叶片中叶绿醌合成所需的 phytyl-PP 依赖的是其补救合成途径，而不是 GG-PP 的还原。因此，我们认为拟南芥中植醇的磷酸化途径对叶绿醌的生物合成是极其重要的。

由于 *vte6-3* 突变体中 VTE6 蛋白的缺失导致了其参与叶绿醌支链合成的底物 phytyl-PP 含量的显著降低，从而使植物叶片中叶绿醌的含量下降。那么在该突变体中参与叶绿醌主链合成的各种酶是否也受到了影响？于是通过定量 PCR（qPCR）的方法检测了该突变体中参与叶绿醌主链合成的各个酶的基因（*ICS1*，*ICS2*，*PHYLLO*，*AAE14*，*NS*，*DHNAT1*，*ABC4*，*NDC1* 和 *AtMenG*）的表达情况（图 2-7）。结果显示，这些基因转录本的相对表达量与野生型相比基本不变或略高于野生型，这说明在 *vte6-3* 突变体中，参与叶绿醌主链合成的各个酶均是有功能的，叶绿醌含量的降低只是由于 phytyl-PP 的缺失导致的。

有研究报道，在植物叶片衰老过程中生育酚会大量累积，这是因为叶片衰老的过程伴随着叶绿素的降解，其结果是会产生大量的植醇，而生育酚的合成正是需要这些植醇作为前体进行(Rise et al.，1989；Collakova et al.，2001；vom Dorp et al.，2015)。那么同样以植醇作为前体合成的叶绿醌是否在衰老叶片中也有累积？于是我

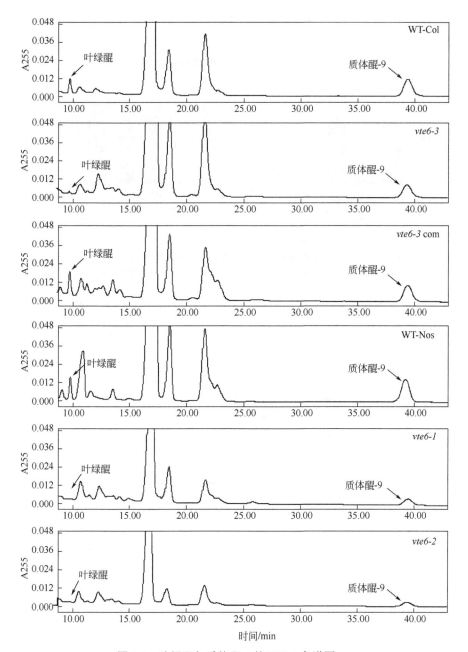

图 2-5　叶绿醌与质体醌-9 的 HPLC 色谱图

叶片脂类提取物进行 HPLC 分析，等度洗脱后紫外检测。其中 WT-Col、*vte6-3* 和 *vte6-3* com 属于
Columbia-0 生态型，而 WT-Nos、*vte6-1* 和 *vte6-2* 属于 Nossen 生态型。箭头所指的峰为根据各自标样的
吸收光谱比对的叶绿醌(9.6min)和质体醌-9(39.3 min)出峰位置

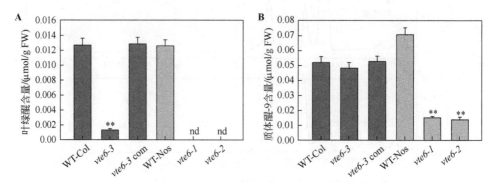

图 2-6　*vte6* 突变体中叶绿醌和质体醌-9 含量测定

A.野生型和突变体中叶绿醌含量测定；**B.**野生型和突变体中质体醌-9 含量测定

其中 WT-Col、*vte6-3* 和 *vte6-3* com 属于 Columbia-0 生态型，而 WT-Nos, *vte6-1* 和 *vte6-2*

属于 Nossen 生态型

标尺为 means ± SD（*n*=3）。统计学分析方法采用 *t* 检验(**, *P* < 0.01)

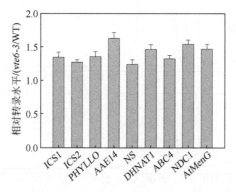

图 2-7　*vte6-3* 突变体中参与叶绿醌主链合成基因的转录本表达量分析

分别提取野生型和 *vte6-3* 突变体 RNA，反转后用特定引物进行 qPCR 检测。

各个基因的相对表达量均是通过 *ACT2* 进行均一化的结果

标尺为 means ± SD（*n*=3）

们选取了离体叶片和活体植株叶片两种方式进行叶片衰老处理实验，分别于黑暗下处理 1 天、3 天、5 天和 7 天后，测定叶片中的叶绿素含量和叶绿醌含量的变化情况（图 2-8）。结果显示，无论是对活体植株叶片进行衰老处理还是对离体叶片进行衰老处理，其叶绿醌含量均没有明显的变化。这一结果证明在植物叶片衰老过程中，通过色素降解途径而合成的 phytyl-PP 主要用于生育酚的合成，而对叶绿醌的合成没有影响。

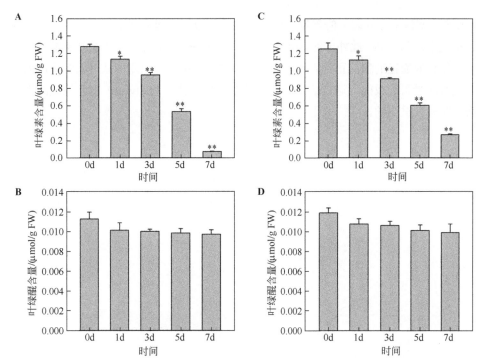

图 2-8　野生型叶片在衰老过程中叶绿素与叶绿醌含量的变化情况

A 和 **B** 所示为野生型离体植物叶片黑暗处理 1 天、3 天、5 天和 7 天后，测得的叶片叶绿素含量(**A**)和
叶绿醌含量(**B**)变化情况；**C** 和 **D** 所示为野生型完整植株黑暗处理 1 天、3 天、5 天和 7 天后，测得的
叶片叶绿素含量(**C**)和叶绿醌含量(**D**)变化情况

标尺为 means ± SD（n=3）。统计学分析方法采用 t 检验(**, $P < 0.01$)

2.5　本章小结

在光合生物中，叶绿醌的生物合成途径近年来已被人们进行了广泛而深入的研究，并建立起了一系列的酶促反应体系（Shimada et al.，2005；Gross et al.，2006；Lohmann et al.，2006；Fatihi et al.，2015）。然而在这些研究中，人们关注最多的还是其头部（萘醌环）的形成上，而对其尾部（植基侧链）的来源和作用的研究相对较少，目前也缺乏相关的遗传学证据。最近，研究人员通过种系发生学方法预测并鉴定到一个编码植基单磷酸激酶的蛋白 VTE6，参与催化植基单磷酸（phytyl-P）形成植基二磷酸（phytyl-PP），并用于生育酚的形成（vom Dorp et al.，2015），我们的研究也从蓝藻和拟南芥中进一步证实了 VTE6 的这一功能。考虑 phytyl-PP 既是生育酚合成的底物，又是叶绿醌的合成底物，VTE6 的发现就提供了一个很好的机会去研究 phytyl-PP 在叶绿醌合成中的作用。通过高效液相色谱法的测定发现，在

vte6-3 突变体中，叶绿醌的含量大幅下降，而在 *vte6-1* 和 *vte6-2* 突变体中，叶绿醌含量几乎检测不到。此外，在 *vte6-3* 突变体中，*VTE6* 的突变并不影响其主链中参与叶绿醌合成途径的酶的正常表达，说明在该突变体中，叶绿醌的缺失确实是仅由其支链合成受阻造成的。这一结果首次从遗传学上证明了 phytyl-PP 对叶绿醌的生物合成是极其重要的。

第三章

vte6 突变体的光合
特性研究

3.1 研究方案

植物体内，植醇磷酸化途径参与了叶绿醌和生育酚的合成。在正常的生长条件下，生育酚缺失的突变体呈现出与野生型相类似的表型，而叶绿醌缺失突变体则表现出致死表型。那么，VTE6 作为植醇磷酸化途径中的一个关键酶，其缺失必然会影响植物的生长及其光合作用。因此，本研究利用植物生理学、分子生物学及遗传学等多种手段，系统性地探究了叶绿醌在维持植物生长及其光合作用方面，特别是光合电子传递链的正常功能上发挥的重要作用。

3.1.1 研究材料

本章将利用拟南芥 VTE6 完全缺失突变体 *vte6-1* 和 *vte6-2*，以及不完全缺失突变体 *vte6-3* 进行光合特性研究。

3.1.2 研究方法

3.1.2.1 叶绿素荧光分析

将待测植株暗适应 20min 后，用 PAM-2000（Heinz Walz，Effeltrich，Germany）测定植物叶绿素荧光慢诱导曲线（Liu et al.，2012）。测定方法如下：测量光［ML，650nm，光强小于 $0.1\mu mol/(m^2 \cdot s)$，避免产生光化学反应］打开，1.5min 后荧光稳定，得到暗适应后的最小荧光（F_o）。开启饱和脉冲光［SL，$3000\mu mol/(m^2 \cdot s)$，持续时间 0.8s］，得到暗适应后的最大荧光（$F_m$），并通过计算得到 PSII 的最大光化学效率（$F_v/F_m$）。约 1.5min 后打开活化光[AL，650nm，$80\mu mol/(m^2 \cdot s)$]，约 7min 后荧光曲线趋于稳定，得到稳态荧光（F_s）。此时开启饱和脉冲光，得到光适应条件下的最大荧光值（F_m'）。约 2min 后荧光曲线再次达到稳定，关闭活化光，之后关闭测量光，10min 时停止测量。

3.1.2.2 低温（77K）荧光发射波谱测定

提取植物类囊体膜，用荧光分光光度计（Hitachi F-4500，Japan）等叶绿素浓度（5µg/mL）测定 77K 荧光发射光谱。其中激发波长为 436nm，扫描样品在 600～800nm 范围内的荧光发射波谱，并在 685nm 处对光谱进行归一化处理。

对于蓝藻叶绿素荧光发射波谱的测定，参考 Shpilyov 等（2005）的方法，将培养至对数期的蓝藻细胞离心收集，用 25mmol/L HEPES-NaOH（pH=7.0）[含 67%（体积分数）甘油]重悬使其在 750nm 处的 OD 值为 1，激发波长为 436nm，在 620～800nm 的范围内进行样品扫描。而对于藻胆体（PBS）荧光发射波谱的测定需在不含甘油的 25mmol/L HEPES-NaOH（pH=7.0）中重悬，激发波长为 590nm，同样在 620～800nm 的范围内进行样品扫描。

3.1.2.3　P$_{700}$氧化还原动力学测定

光诱导的活体 P$_{700}$ 氧化还原动力学曲线使用 PAM 101 ED-800T（Heinz Walz，Effeltrich，Germany）测定，通过记录 PS I 反应中心色素在 820nm 处的吸收值而获得(Meurer et al., 1996)。具体测定方法为：植物叶片暗适应 20min 后，活化光[625nm，80μmol/(m^2·s)]照射 30s，待曲线平稳后关闭活化光，打开远红光[720nm，24μmol/(m^2·s)]，使处于还原态的 P$_{700}$ 氧化，20s 后在远红光开启的条件下，打开一个多饱和脉冲[2300μmol/(m^2·s)，持续时间 0.8s]，可以得到 PS I 反应中心色素 P$_{700}$的最大光氧化能力（ΔAmax），约45s 后关闭远红光。

对于蓝藻的 P$_{700}$ 氧化还原动力学测定，参考 Klughammer（1998）的方法，取培养至对数生长期的蓝藻细胞，调整其叶绿素浓度为 30μg/mL。具体测量方法同上。

3.1.2.4　PS I 互补量子产量 Y(I)、Y(ND)和 Y(NA)测定

PS I 量子产量使用 Dual-PAM-100 的 P$_{700}$ 和叶绿素荧光测量系统（Heinz Walz，Effeltrich, Germany），通过测定 P$_{700}$ 的慢诱导曲线而获得（Klughammer et al.，2008；Pfündel et al.，2008）。具体测量方法如下：待测叶片暗适应 20min 后，打开远红光[720nm，20μmol/(m^2·s)]照射 10s 即可获得 P$_{700}$信号(P)，待稳定后给一个饱和脉冲[10000μmol/(m^2·s)]得到一个 P$_{700}$ 的最大值(P$_m$)，之后在活化光[红光，625nm，80μmol/(m^2·s)]开启的条件下，每隔 20s 给一个持续 200ms 的饱和脉冲以测定其最大的 P$_{700}^+$信号(P$_m'$)。此外，在每一次给饱和脉冲的同时，还能得到一个处于还原态的 P$_{700}$ 信号(P$_o$)。大约测定 350s 后 P$_{700}$ 慢诱导曲线会达到一个稳态，随即将活化光关闭。通过计算可以得到 PS I 有效的光化学量子产量 $Y(I)$、来自供体侧受限的 PS I 非光化学量子产量 $Y(ND)$以及来自于受体侧受限的 PS I 非光化学量子产量 $Y(NA)$。其中：$Y(I) = (P_m'-P)/P_m$，$Y(ND) = (P-P_o)/P_m$，$Y(NA) = (P_m-P_m')/P_m$，$Y(I) + Y(ND) + Y(NA) = 1$。

3.1.2.5　叶绿体超微结构观察

分别取野生型、突变体及互补植株生长三周叶片，用刀片将其切成小段后迅速放入固定液[0.05mol/L 的磷酸缓冲液，pH=7.2，3%（体积分数）戊二醛]中，并抽真

空使其完全浸泡到溶液中，4℃保存。用 0.05mol/L 的磷酸缓冲液（pH=7.2）冲洗 2～3 次，每次 20min。再用 2%（体积分数）的锇酸固定 4h，然后依次用 0.05mol/L 的磷酸缓冲液（pH=7.2）洗涤 2 次、蒸馏水洗涤 2 次以及 50%～100%（体积分数）乙醇梯度脱水，用丙酮将酒精置换后包埋于环氧树脂（SPURR）中，用切片机切片。将包埋块用 0.2%的醋酸铅和柠檬酸铅进行染色，修整包埋块后在 JEM-1230 TEM（JEOL 公司）透射电子显微镜下观察叶绿体结构。

3.1.2.6 Blue Native-PAGE 实验

（1）植物类囊体膜提取

① 将 0.5～1g 叶片放于事先预冷的研钵中，加入 medium Ⅰ溶液（30 mmol/L Tricine/KOH，pH=8.4，0.33mol/L 山梨醇，5mmol/L EGTA，5mmol/L EDTA，10mmol/L NaHCO₃）充分研磨后将其过滤到一个新的离心管中，4℃、4200g 离心 5min。

② 弃上清，沉淀用 1mL medium Ⅱ溶液（0.3mol/L 山梨醇，20mmol/L HEPES/KOH，5mmol/L MgCl$_2$·6H$_2$O，2.5mmol/L EDTA）悬浮，4℃、10000r/min 离心 2min。

③ 弃上清，沉淀用 200μL 左右不加山梨醇的 medium Ⅱ充分悬浮，即为类囊体膜溶液。

④ 定量：5μL 待测样品加 995μL 80%（体积分数）丙酮、4℃、10000r/min 离心 2min，上清测定 663nm 和 645nm 处的吸收值，计算总叶绿素含量。

⑤ 定量完成后，将类囊体膜样品定至色素浓度为 1mg/mL，4℃、10000r/min 离心 2min，去掉上清，加入 2%（体积分数）DM（样品增溶液）重悬样品，在冰上溶解 10min，4℃、20000g 离心 10min。将上清移至新管中，加入 1/10 体积的 10×serva G（即 10×上样缓冲液），离心 5 min 后即可上样。

样品增溶液配方：50%（体积分数）50BTH40G，2%（体积分数）DM。

50BTH40G 配方：50mmol/L Bis-tris，pH=7.0，40%（体积分数）甘油。

10×上样缓冲液配方：5%（质量体积比）serva G，50%（体积分数）2×Bis-tris ACA，40%（体积分数）甘油，75%（质量浓度）蔗糖。

2×Bis-tris ACA 配方：200mmol/L Bis-tris，pH=7.0，1mol/L 6-氨基己酸。

（2）5%～12%梯度胶的制备 用梯度混合仪制备 5%～12%的聚丙烯酰胺梯度胶（分离胶），其配方见表 3-1。

将梯度混合仪放置在蠕动泵上，调整好其转速，同时打开出口阀门与连通器，进行梯度胶的灌注。胶体灌注完毕后，上层用水进行封口，置于 4℃冰箱过夜凝聚。

3×gel buffer 配方：150mmol/L Bis-tris，pH=7.0，1.5mol/L 6-氨基己酸。置于 4℃保存使用。

表 3-1　聚丙烯酰胺梯度胶配方

成分	分离胶		浓缩胶（2 板）
	5%	12%	4%
49.5% monomer	0.333mL	0.800mL	0.242mL
3×gel buffer	1.100mL	1.100mL	1.000mL
75%甘油	0.000mL	0.660mL	0.000mL
MilliQ water	1.867mL	0.740mL	1.736mL
10% AP	6μL	6μL	20μL
TEMED	0.6μL	0.6μL	2μL
总体积	3.300mL	3.300mL	3.000mL

（3）BN-PAGE 电泳

① 一向电泳在连接有 4℃循环水浴的 AE-6500 型垂直电泳仪上进行，起始电压 50V，每半小时升高 25V。当电泳进行约 1/3 时（此时电压在 100V 左右），将上槽液 I [15mmol/L Bis-tris，pH=7.0，50mmol/L Tricine，0.02%（质量浓度）serva G]换成上槽液 II（15mmol/L Bis-tris，pH=7.0，50mmol/L Tricine）。下槽液（50mmol/L Bis-tris，pH=7.0）保持不变。电泳结束后用扫描仪扫胶，并将一向电泳胶条切下，进行二向电泳或者冷冻保存。

② 二向电泳需在一向后切下的胶条中加入一定体积的变性液[50mmol/L Tris-HCl，pH=6.8，8mol/L 尿素，20%（体积分数）甘油，5%（质量浓度）SDS，10%（体积分数）β-巯基乙醇]。室温变性 1h 后进行 SDS-PAGE 电泳。随后一方面可进行染色，另一方面做免疫印迹，分析蛋白复合物变化情况。

3.1.2.7　定量 PCR(qPCR)

根据 Zhong 等（2013）的方法，以 MLV 反转录酶得到的 cDNA 样品为模板，利用 SYBR Green I（Invitrogen）和目的基因特异性引物进行实时荧光定量 PCR 测定（Roche Light cycler 96）。以 *Actin2* 作为内参。

3.1.2.8　GUS 组织化学染色

（1）载体构建：将 *vte6* 基因的启动子序列（ATG 上游约 2kb）克隆到含有 β 葡糖醛酸糖苷酶（β-glucuronidase，GUS）报告基因的双元载体 pCAMBIA1301 中，将构建好的载体转入农杆菌（*Agrobacterium tumefaciens*）GV3101 菌株中，并侵染拟南芥野生型植株。收到了 T_0 代种子播种在含有 40mg/L 潮霉素的 MS 培养基中进行阳性苗筛选。

（2）选取阳性材料的不同组织器官若干，用一定量的 GUS 染色液[0.1mol/L 磷酸缓冲液，pH=8.0，1%（体积分数）Triton X-100，1%（体积分数）DMSO，10mmol/L EDTA，0.5mg/mL 葡萄糖]浸泡，抽真空，37℃黑暗过夜。

（3）染色完毕后，倒掉染液，用75%（体积分数）乙醇60℃加热脱色数次，直至叶绿素完全脱掉，在体视镜下进行观察并拍照。

3.1.2.9 原生质体转化

（1）选取生长3周左右生长状态良好的拟南芥叶片，用刀片切成1mm细丝，浸泡于原生质体提取液[20mmol/L MES，pH=5.7，1.5%（质量浓度）纤维素酶，0.4%（质量浓度）离析酶，0.4mol/L 甘露醇，20mmol/L KCl，10mmol/L CaCl$_2$，0.1%（质量浓度）BSA]中，抽真空后置于22℃黑暗条件下消化至少3h。

（2）消化完成后，加入等体积的W5溶液（2mmol/L MES，pH=5.7，154mmol/L NaCl，125mmol/L CaCl$_2$，5mmol/L KCl），混匀过滤除杂（细胞筛），4℃、200g离心2min，去除上清。

（3）加入等体积预冷的W5溶液，轻弹混匀，冰浴30min，4℃、200g离心2min，去除上清。加入2mL MMG溶液（0.4mol/L 甘露醇，15mmol/L MgCl$_2$，4mmol/L MES，pH=5.7），温和混匀即为原生质体。

（4）吸取200μL原生质体溶液于含有10～20μg质粒的Ep管中，轻弹混匀。

（5）加入220μL的PEG溶液[40%（质量浓度）PEG 4000，0.2mol/L 甘露醇，100mmol/L CaCl$_2$]，轻弹混匀后23℃放置10min。

（6）加入880μL的W5溶液，轻弹混匀，经过两次室温200g离心2min后尽量除去上清，随后加入1mL W5溶液重悬，连续光照培养至少12h。

3.1.2.10 完整叶绿体提取

（1）取拟南芥叶片于适量充分预冷的叶绿体提取液中（330mmol/L 山梨醇，5mmol/L MgCl$_2$，5mmol/L EGTA，5mmol/L EDTA-Na$_2$，20mmol/L HEPES-KOH，pH=8.0，10mmol/L NaHCO$_3$），用匀浆机打碎，使其充分破碎，过滤。4℃、3000g离心5min，沉淀用2mL叶绿体提取液重悬，即为叶绿体粗提物。

（2）Percoll（一种新型细胞分离液）梯度制备：在50mL离心管中依次加入10mL 80%（体积分数）、10mL 40%（体积分数）以及10mL 20%（体积分数）的Percoll。Percoll梯度用叶绿体提取液配制。

（3）将上述叶绿体粗提物平铺在20%的Percoll上方，4℃、3500g离心30min（Beckman 4250）。

（4）用加样枪小心地将位于40%和80% Percoll之间的绿色条带吸出，用叶绿体提取液洗涤1～2次，离心以去除Percoll，得到的沉淀即为完整叶绿体。

3.1.2.11　叶绿体组分分离与内外被膜制备

（1）在提取的完整叶绿体中加入一定体积的低渗溶液（10mmol/L MOPS-NaOH，pH=7.8，4mmol/L MgCl₂）使其充分胀破。

（2）蔗糖梯度制备：在 10mL 超离管中依次小心地加入 3mL 0.93mol/L、2.5mL 0.6mol/L 和 2mL 0.3mol/L 的蔗糖。蔗糖梯度用上述低渗培养液配制。

（3）每管梯度中加入约 3.5mL 胀破后的叶绿体，4℃、70000g 离心 60min（Beckman SW41）。

（4）离心完成后，可以看到超离管底部有一层深绿色的条带，即为类囊体膜；其上方透明的可溶性部分，即为叶绿体基质；而被膜组分位于 0.6mol/L 和 0.93mol/L 蔗糖间，呈现黄色条带。将该黄色条带吸出，加入 2～3 倍的低渗溶液，4℃、110000g 离心 60min（Beckman SW41）。沉淀即为叶绿体被膜。

（5）线性蔗糖梯度配制：分别配制 0.6mol/L 和 1.2mol/L 蔗糖，用静音混合器将其配制成 0.6～1.2mol/L（从上到下）的线性蔗糖梯度。蔗糖梯度用 TE 缓冲液（10mmol/L Tricine-NaOH，pH=7.2，2mmol/L EDTA-Na₂）溶解。

（6）将制备好的叶绿体被膜用 0.45mol/L 蔗糖重悬。平铺于上述制备好的线性蔗糖梯度中，4℃、113000g 离心 10～14h（Beckman SW27）。

（7）离心完成后，可看到在离心管内分别有两层淡黄色条带，上层即为外被膜，下层为内被膜。将其分别吸出，加入 3～4 倍的上述 TE 缓冲液，4℃、90000g 离心 60 min（Beckman SW27）。沉淀即为叶绿体内、外被膜。

3.1.2.12　盐洗试验

将新鲜提取的叶绿体被膜分别置于终浓度为 0.5mol/L NaCl、0.1 mol/L Na₂CO₃以及 pH=11.5 的溶液中，冰上孵育 10min，或者置于 6mol/L 尿素（urea）中，室温孵育 20min。然后于 4℃、40000g 离心 30min，随后将上清（S）与沉淀（P）进行 SDS-Urea-PAGE 电泳，用相应的抗体进行免疫印迹分析。

3.2　VTE6 蛋白特性研究

3.2.1　VTE6 蛋白同源性比对及其亚细胞定位分析

根据 Plant Proteome Database 数据，VTE6 蛋白包含 333 个氨基酸，其同源蛋白分布于被子植物（包含单子叶植物和双子叶植物）、裸子植物、苔藓以及蓝藻中（图3-1）。

TargetP 软件预测在其 N 端约 65 个氨基酸位点处有一个定位于叶绿体的信号肽。

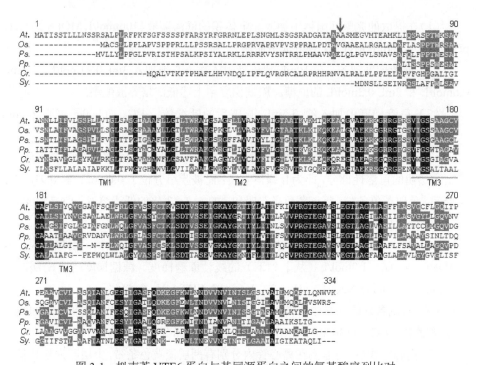

图 3-1　拟南芥 VTE6 蛋白与其同源蛋白之间的氨基酸序列比对

氨基酸序列比对使用 Clustal X 进行，所有序列均来自 GenBank 数据

Arabidopsis thaliana（*At.*）—拟南芥，NP_974171；*Oryza sativa*（*Os.*）—水稻，NP_001044132；*Picea sitchensis*（*Ps.*）—云杉，ABK22124；*Physcomitrella patens*（*Pp.*）—小立碗藓，XP_001773115；*Chlamydomonas reinhardtii*（*Cr.*）—莱茵衣藻，XP_001701586；*Synechocystis* sp. PCC 6803（*Sy.*）—集胞藻，WP_010872225

箭头表示预测的叶绿体信号肽。跨膜区使用 TMHMM 程序预测，并用横线注明。

为了进一步验证 VTE6 蛋白的亚细胞定位，我们构建了一个嵌合基因 *VTE6-GFP*，该基因可以在 35S 启动子的作用下表达一个包含 VTE6 蛋白全长以及绿色荧光蛋白（GFP）的融合蛋白。将其瞬时转化到拟南芥原生质体中进行瞬时表达并在激光共聚焦显微镜下观察 GFP 荧光信号。结果显示，VTE6-GFP 荧光与叶绿体自发荧光重合，特别是在叶绿体四周的荧光信号更强，说明 VTE6 蛋白定位于叶绿体中，极有可能位于叶绿体被膜上（彩插 3A）。

为了进一步确定 VTE6 蛋白在叶绿体中的精细定位，首先制备了 VTE6 蛋白的抗体，并提取了完整叶绿体，将其分离出基质、被膜（包括内、外被膜）以及类囊体膜等不同的组分。经过 SDS-PAGE 电泳以及免疫印迹分析，在被膜中，特别是在内被膜中检测到了 VTE6 蛋白的存在，表明该蛋白是一个叶绿体内被膜蛋白（彩插 3B）。为了进一步验证这一结果，表达了一个 Tic20（已知定位于叶绿体内被膜的蛋白）和红色荧光蛋白（RFP）的融合蛋白，与 VTE6-GFP 共转表达后两者荧光信号刚好重合，说明 VTE6 与 Tic20 一样也定位于叶绿体内被膜上（彩插 3D）。

为了进一步研究 VTE6 蛋白是被膜的外周蛋白还是内在蛋白，进行了离试剂洗涤试验。结果显示，1mol/L NaCl 和 0.1mol/L Na$_2$CO$_3$ 均不能将该蛋白从膜上洗脱下来，而用 6mol/L urea 则可以从膜上洗下少部分 VTE6 蛋白，这一趋势与 Tic110 蛋白（已知定位于叶绿体内被膜的跨膜蛋白）的趋势一致（彩插 3C），表明 VTE6 是一个位于内被膜的膜内在蛋白。这一结果与之前 TMHMM 程序预测显示的该蛋白存在三个跨膜区的结果一致（图 3-1）。

综合以上实验可以得出，VTE6 蛋白是一个定位于叶绿体内被膜中的跨膜蛋白。这一结果与之前在拟南芥与菠菜中的报道一致（Ferro et al.，2002；vom Dorp et al.，2015）。

3.2.2 *vte6* 基因表达模式分析

为进一步检测 *vte6* 基因的表达模式，提取了拟南芥中的不同组织器官（根、茎、叶、花和幼嫩果荚）的 RNA，反转录后通过 RT-PCR 和 qPCR 检测了 *vte6* 基因转录本的变化情况。结果显示，该基因在根、茎、叶、花和幼嫩果荚中均有表达，特别在叶片中表达量较高，根以及茎中的表达量较低（彩插 4A 和彩插 4B）。为了确认这一结果，我们构建了一个嵌合 *vte6* 基因上游约 2kb 的启动子区以及 GUS 报告基因的序列，侵染植株后得到阳性转化苗。GUS 染色结果更清晰地表明，VTE6 蛋白在不同的组织器官中均有不同程度的表达（彩插 4C）。

3.3 *vte6* 突变体的波谱学分析

为确定 *vte6-3* 突变体中光合功能是否受到影响，首先对其进行了 820nm 处远红光诱导的 PSⅠ反应中心 P$_{700}$ 氧化还原动力学分析。从 PSⅠ氧化还原动力学曲线中可以看出，*vte6-3* 突变体中 PSⅠ活性下降到野生型的 30% 左右（图 3-2A），表明在该突变体中 PSⅠ功能受损。为进一步确认该结果，我们对其进行了 77K 荧光发射光谱分析。野生型中 PSⅠ最大荧光发射峰在 733nm 处出现（代表有活性的 PSⅠ），而在 *vte6-3* 突变体中，其最大荧光发射峰发生了 3nm 的蓝移，即位于 730nm 处（图 3-2B）。这种蓝移现象在已报道的许多 PSⅠ功能缺陷突变体中均有发生，被认为是 PSⅠ功能缺陷突变体的典型特征（Amann et al.，2004；Lezhneva et al.，2004；Stöckel et al.，2006；Albus et al.，2010；Liu et al.，2012）。因此，上述结果表明在 *vte6-3* 突变体中 PSⅠ功能受损。

进一步对突变体进行了叶绿素荧光慢诱导动力学分析。从荧光慢诱导曲线中可以看出，打开活化光后，*vte6-3* 突变体中的荧光不能被有效猝灭，表明 PSⅡ下游的光合电子传递受阻（图3-2C）。此外，*vte6-3* 突变体中 PSⅡ的最大光化学效率（F_v/F_m）略微下降（突变体中为 0.734 ± 0.008，野生型中为 0.816 ± 0.011），表明 *vte6-3* 突变体中 PSⅡ 的功能受到轻微影响。该比值的少量降低可能是来自 PSⅠ功能受损的次级效应。因此，以上的波谱学分析结果表明，*vte6-3* 突变体是一个特异影响 PSⅠ功能的突变体，对 PSⅡ功能的影响较小。

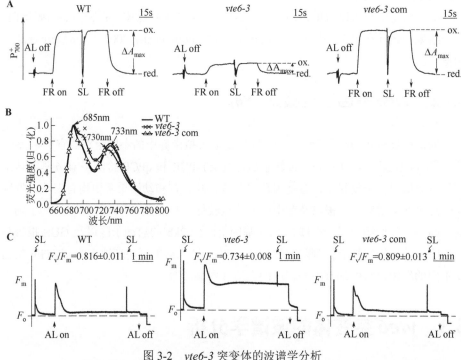

图 3-2　*vte6-3* 突变体的波谱学分析

A. 远红光诱导的 P_{700} 氧化还原动力学曲线

P_{700} 的氧化还原状态通过光系统Ⅰ反应中心 P_{700} 在 820nm 处的吸收测得。

AL—活化光[80μmol/(m²·s)]；FR—远红光；SL—饱和脉冲；ox.—P_{700} 完全被氧化；

red.—P_{700} 完全被还原；ΔA_{max}—P_{700} 最大光氧化能力；WT—野生型

B. 类囊体膜 77K 低温荧光发射波谱分析（436nm 激发），荧光信号在 685nm

处进行均一化（PSⅡ发射峰的最大值）

C. 叶绿素 a 荧光慢诱导动力学分析

AL—活化光[80μmol/(m²·s)]；SL—饱和脉冲

为了进一步说明 VTE6 蛋白对维持 PSⅠ功能的重要性，我们分析了 *vte6-1* 和 *vte6-2* 这两个突变体中 PSⅠ的活性是否同样受到影响。从波谱学分析结果中可以看出，在 *vte6-1* 和 *vte6-2* 突变体中，PSⅠ反应中心 P_{700} 在 820nm 处几乎检测不到吸收信号，PSⅠ的最大荧光发射峰也出现了不同程度的蓝移（5 nm），同时活化光诱导的叶绿素荧光也不能被有效猝灭（图 3-3）。此外，PSⅡ的最大光化学效率（F_v/F_m）为野生型的 80%，说明在 VTE6 完全敲除突变体 *vte6-1* 和 *vte6-2* 中，PSⅡ的功能也受到了一定的损伤。这一特征是 PSⅡ下游电子传递受阻突变体，同时也是 PSⅠ功能缺陷突变体的典型特征（Amann et al.，2004；Lezhneva et al.，2004；Liu et al.，2012）。因此，从以上的分析结果中可以看出，*vte6* 突变体是一个典型的并且特异影响 PSⅠ功能的突变体。

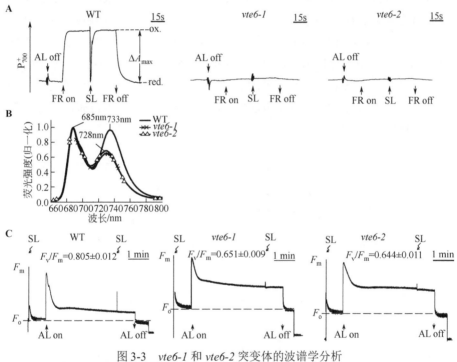

图 3-3 *vte6-1* 和 *vte6-2* 突变体的波谱学分析

A. 远红光诱导的 P_{700} 氧化还原动力学曲线

P_{700} 的氧化还原状态通过光系统Ⅰ反应中心 P_{700} 在 820nm 处的吸收测得。

AL—活化光[80μmol/(m^2·s)]；FR—远红光；SL—饱和脉冲；ox.—P_{700} 完全被氧化；

red.—P_{700} 完全被还原；ΔA_{max}—P_{700} 最大光氧化能力；WT—野生型

B. 类囊体膜 77K 低温荧光发射波谱分析（436nm 激发），荧光信号在 685nm

处进行均一化（PSⅡ发射峰的最大值）

C. 叶绿素 a 荧光慢诱导动力学分析

AL—活化光[80μmol/(m^2·s)]；SL—饱和脉冲

3.4 *vte6*突变体PSⅠ互补量子产量分析

作为PSⅠ的第二个电子受体，叶绿醌在PSⅠ电子传递链中具有极其重要的作用，因此在*vte6*突变体中通过测定P_{700}慢诱导曲线来说明叶绿醌的缺失对PSⅠ量子产量的影响。之前的研究表明，PSⅠ的非光化学量子产率主要受限于其供体侧[$Y(ND)$]和受体侧[$Y(NA)$]两部分的电子传递，且它们与PSⅠ的有效量子产量[$Y(I)$]之和为1（Pfündel et al.，2008；Suzuki et al.，2011）。实验结果表明在*vte6*突变体中，PSⅠ有效的光化学产量$Y(I)$比野生型的低（图3-4A，图3-4D）。然而，PSⅠ中来自受体侧受限的非光化学量子产率$Y(NA)$与野生型相比则处于一个较高的水平，这说明在*vte6*突变体中，PSⅠ反应中心P_{700}不能被有效地氧化（图3-4B，图3-4E）。此外，在*vte6-3*突变体中，PSⅠ中来自供体侧受限的非光化学量子产率$Y(ND)$几乎检测不到，这说明其PSⅠ反应中心P_{700}几乎完全被还原（图3-4C）。而在*vte6-1*和*vte6-2*突变体中，该值与野生型相比处于一个较低的水平，这说明其PSⅠ反应中心P_{700}可以部分还原（图3-4F）。综合以上的实验结果，可以得知，在*vte6*突变体中，PSⅠ反应中心P_{700}可以有效地接收PSⅡ传来的电子，但由于叶绿醌的缺失导致A_0到F_X的电子传递受阻，使电子不能有效地传递，从而产生大量的能量耗散。

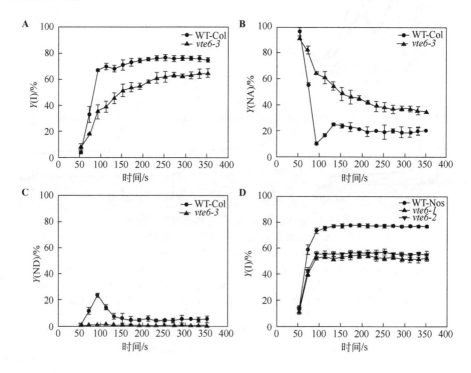

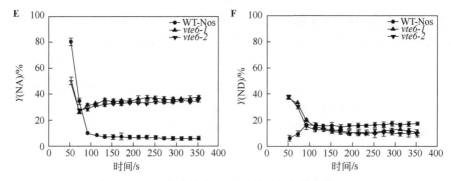

图 3-4　*vte6* 突变体中 PS I 互补量子产量分析

野生型与突变体中，PS I 互补量子产量通过测定 P_{700} 慢诱导曲线而获得，其中 **A** 和 **D** 为 PS I 有效的光化学量子产量 $Y(I)$；**B** 和 **E** 为来自供体侧受限的 PS I 非光化学量子产量 $Y(ND)$；**C** 和 **F** 为来自受体侧受限的 PS I 非光化学量子产量 $Y(NA)$

其中 WT-Col 和 *vte6-3* 属于 Columbia-0 生态型，而 WT-Nos、*vte6-1* 和 *vte6-2* 属于 Nossen 生态型。

标尺为 means ± SD（$n=3$）

3.5　*vte6* 突变体稳态蛋白水平分析

为了从分子水平确定 *vte6* 突变体中 PS I 功能受损情况，首先提取了野生型和突变体叶片的全蛋白，并通过免疫印迹的方法检测了突变体中光系统蛋白复合物的各亚基在其稳态水平的含量。结果显示，在 *vte6-3* 突变体中，PS I 亚基 PsaA、PsaB、PasC、PsaD、PsaF、PsaG、PsaH 以及 4 个 LHC I 亚基（Lhca1～Lhca4）的含量下降到野生型的 40% 甚至更低，而 PS II 亚基 D_1、D_2、CP43、CP47、PsbO 以及捕光复合物 II（LHC II）的含量与野生型相比没有太大的差别。此外，*vte6-3* 突变体中细胞色素 b_6f 复合物（Cyt f）、ATP 合酶（CFβ）、RbcL 和 RCA 的含量也没有太大变化（图 3-5A）。在 *vte6-1* 和 *vte6-2* 突变体中，PS I 核心亚基 PsaA 和 PsaB 的含量显著降低，PS II 反应中心亚基 D_1 和 D_2 的含量也大幅度下降（大约为野生型的 30%）（图 3-6A）。而其他亚基（PsbO、Cyt f、CFβ 和 RbcL）的含量与野生型相比基本保持不变（图 3-6B）。

我们进一步提取了野生型和突变体的类囊体膜，并通过蓝绿温和胶电泳（BN-PAGE）的方法检测了 *vte6-3* 突变体中 PS I 复合物的累积情况。如图 3-5B 所示，在蓝绿温和胶一向电泳完成后，类囊体膜蛋白复合物大体可以分离出七条主要的条带，分别是：条带 I，NDH-PS I 超级复合物；条带 II，PS II 超级复合物；条带 III，PS I 和 PS II 二聚体；条带 IV，PS II 单体；条带 V，CP43 缺失的 PS II 单体；条带 VI，LHC II 三聚体；条带 VII，LHC II 单体。在 *vte6-3* 突变体中，条带 I 和条带 III 中的色素蛋白复合物的含量显著下降，而其他的条带变化不明显或略有上升（图 3-5B）。为了进一步探究条带Ⅲ含量下降是由 PSⅠ亚基还是 PSⅡ亚基的减少导致的，将 BN-PAGE 一向电泳后的胶条切下并进行了二向电泳（2D BN/SDS-PAGE）。从二向电泳后的考马斯亮蓝染色结果可以看出，在 *vte6-3* 突变体中，PSⅠ核心亚基 PsaA/B 及其小分子亚基的含量大幅下降。相比而言，PSⅡ核心亚基 D_1、D_2、CP_{43} 和 CP_{47} 能够正常累积，同时细胞色素 b_6f 复合物以及 ATP 合酶复合物中各亚基的含量与野生型相比没有明显的变化（图 3-5C）。因此，条带Ⅲ含量下降主要是由于缺失 PSⅠ而引起的。以上实验结果表明，*vte6-3* 突变体中 PSⅠ复合物不能进行正常累积，这与免疫印迹的结果相吻合。

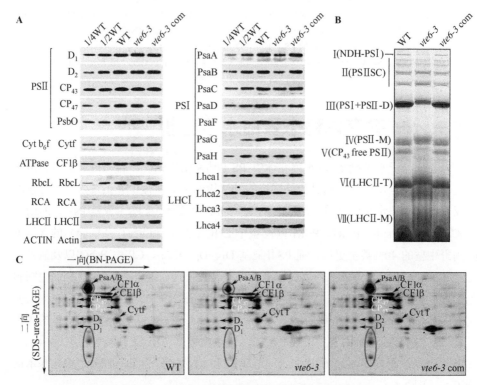

图 3-5　*vte6-3* 突变体中类囊体膜蛋白的含量分析

A. 免疫印迹分析野生型和 *vte6-3* 突变体中类囊体膜蛋白的含量变化情况（等蛋白上样，5～10μg）

B. BN-PAGE 分析野生型和 *vte6-3* 突变体中色素-蛋白复合物的变化情况（等色素上样，10μg）左侧显示的是处于不同状态的类囊体膜蛋白复合物，它们分别是Ⅰ(NDH-PSⅠ)：NDH-PSⅠ超级复合物；Ⅱ(PSⅡ SC)：PSⅠ超级复合物；Ⅲ(PSⅠ+PSⅡ-D)：PSⅠ单体以及 PSⅡ二聚体；Ⅳ(PSⅡ-M)：PSⅡ单体；Ⅴ(CP_{43} free PSⅡ)：缺失 CP_{43} 的 PSⅡ单体；Ⅵ(LHCⅡ-T)：LHCⅡ三体；(Ⅶ)LHCⅡ-M：LHCⅡ单体

C. 2D BN/SDS-PAGE 分离类囊体膜蛋白复合物。已鉴定出的蛋白用箭头标出。PSⅠ核心亚基 PsaA/B 以及 PSⅠ小分子的蛋白用线圈标记

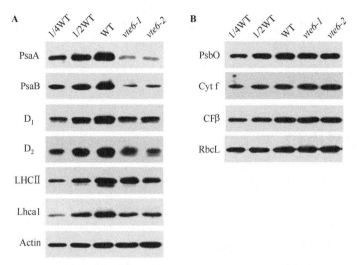

图 3-6　免疫印迹分析野生型、*vte6-1* 和 *vte6-2* 突变体中类囊体膜蛋白的含量变化情况
分别提取野生型和突变体叶片全蛋白，定量后等蛋白上样（5~10μg），免疫印迹分析 PS Ⅰ 和 PS Ⅱ 核
心亚基(**A**)以及 PsbO、Cyt f、CFβ和 RbcL(**B**)的含量变化情况

3.6　*vte6-3* 突变体叶绿体超微结构分析

为进一步研究 *vte6-3* 突变体中缺失 PS Ⅰ 对叶绿体结构的影响，我们对野生型和
vte6-3 突变体的叶绿体超微结构进行了观察。如图 3-7 所示，野生型和互补植株的
叶绿体具有发育良好的类囊体膜系统，其中包括垛叠的基粒类囊体膜与松散的基质

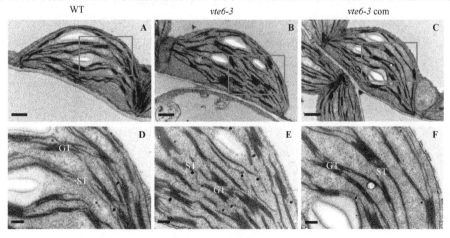

图 3-7　野生型和 *vte6-3* 突变体的叶绿体超微结构
A、**B** 和 **C** 依次为野生型、*vte6-3* 和 *vte6-3* 互补植株的叶绿体超微结构；**D**、**E** 和 **F** 依次为 **A**、**B** 和 **C**
中方框选中的局部放大图
在图 **A** 到 **C** 中标尺为 1μm；在图 **D** 到 **F** 中标尺为 0.2μm
GT—基粒类囊体膜；ST—基质类囊体膜

类囊体膜，两者紧密连接在一起均匀分布、有序排列。在 *vte6-3* 突变体中，与野生型的叶绿体超微结构类似，同样含有基质和基粒类囊体膜。但是其基粒垛叠区增厚，同时基质片层结构部分断裂并松散嵌合在一起，这一结果进一步证明 VTE6 蛋白的缺失影响了 PS I 复合物的累积。

3.7　本章小结

叶绿醌是 PS I 特有的辅因子，是仅由光合生物合成的一类脂溶性维生素。随着植物叶绿醌生物合成途径中各个酶的发现，人们开始从遗传学上探究叶绿醌对植物光合生长的影响。其中 VTE6（参与植醇磷酸化途径的关键酶）不完全缺失突变体 *vte6-3*，表现为植株矮小，叶片呈现浅黄绿色，在正常的生长条件下能够进行光合自养生长，其 PS I 活性和 PS I 核心复合物的累积量降到野生型一半以下，PS I 光合电子传递受阻，而对光系统 II 等其他复合物的影响较小。而在 VTE6 的两个完全敲除突变体 *vte6-1* 和 *vte6-2* 中，PS I 的活性几乎检测不到，PS I 复合物累积量大幅下降，同时对 PS II 等其他复合物均有不同程度的次级影响。这一结果表明，叶绿醌的缺失可以导致 PS I 活性降低、PS I 内部电子传递受阻以及 PS I 核心复合物无法正常累积。

vom Dorp 等（2015）发现突变体 *vte6-1* 和 *vte6-2* 出现幼苗致死的表型，生育酚的含量缺失。在正常的生长条件下，生育酚缺失的突变体均呈现出与野生型相类似的表型，而非幼苗致死（Porfirova et al.，2002；Bergmüller et al.，2003）。其中一个原因可能正如之前研究报道的那样，在 *vte6-1* 和 *vte6-2* 突变体中植醇和植基单磷酸大量累积，两者对于叶绿体发育和植物的生长具有毒害作用（vom Dorp et al.，2015）；另一个原因是根据我们的研究发现，在 *vte6-1* 和 *vte6-2* 突变体中，PS I 活性完全缺失，PS I 的核心亚基 PsaA 和 PsaB 的含量显著下降。正如之前讨论的，在 *vte6* 突变体中，叶绿醌的缺失是导致 PS I 活性降低和 PS I 复合物累积减少的原因。已报道的 PS I 缺失突变体中，其幼苗均呈现出致死的表型（Haldrup et al.，2000；Stöckel et al.，2004；Stöckel et al.，2006；Albus et al.，2010；Liu et al.，2012）。因此，基于以上分析我们认为 *vte6* 完全敲除突变体 *vte6-1* 和 *vte6-2* 的致死表型主要是由于叶绿醌的缺失导致 PS I 复合物受损引起的。

第四章

叶绿醌调控PSI的生物发生机理研究

4.1 研究方案

VTE6 蛋白的缺失引起了植物体内叶绿醌的合成受限，从而导致了 PS I 活性降低、PS I 核心复合物无法正常累积，那么叶绿醌的缺失是如何影响 PS I 功能的？本章将从 PS I 的基因转录水平、蛋白翻译水平以及蛋白翻译后水平的调控（包括 PS I 组装和稳定性）等多方面逐层进行分析。

4.1.1 研究材料

在拟南芥中，参与叶绿醌生物合成的许多突变体都表现出幼苗致死的表型，所以很难利用这些突变体去研究叶绿醌的缺失影响 PS I 的生物发生机理（Shimada et al.，2005；Gross et al.，2006；Kim et al.，2008）。根据之前的结果可知，在 vte6-1 和 vte6-2 突变体中，VTE6 基因的完全敲除影响了 PS I 功能的同时也对 PS II 有一定程度的次级影响。而 vte6-3 突变体则是特定地影响了 PS I 的功能（叶绿醌含量剩余约 10%，PS I 活性剩余约 30%），对质体醌的含量和 PS II 活性没有太大的影响。因此，本章将利用拟南芥 VTE6 不完全缺失突变体 vte6-3 进行机制研究，以求更加全面地了解叶绿醌的缺失是如何影响 PS I 生物发生过程的。

4.1.2 研究方法

4.1.2.1 Northern 印迹

（1）利用 Trizol 提取的总 RNA，在 260nm 和 280nm 波长处测定 OD 值，计算 RNA 浓度。定量后取 5～10μg 用于样品的制备。

（2）在 1.2%（体积分数）的甲醛变性凝胶上进行电泳（60V 电泳约 6h），电泳液为 0.1mol/L 磷酸缓冲液（pH=6.8）。

（3）电泳完毕后，在玻璃板上依次放入 2 层长条滤纸、RNA 胶、尼龙膜、2 层滤纸、若干吸水纸和一个铅块。滤纸和膜要先用 20×SSC 转膜液浸湿，同时确保长条滤纸浸入转膜液中，待放置 16h 左右，RNA 即可转移到尼龙膜上。

（4）将转好的膜在 80℃烘箱中烘 3h 使其固定并紫外照射留 RNA 本底。

（5）预杂交后与[α-^{32}P]-dCTP 标记的 PsaA/B、PsaC、PsaD、PsaE 和 PsbA 的基因克隆探针进行杂交。

（6）杂交后根据不同探针在膜上的放射强度进行适度洗膜，杂交好的膜进行压片，并于-80℃下放射自显影数日即可。

4.1.2.2 多聚核糖体实验

取 0.2～0.4g 叶片，液氮充分研磨，加入 1mL 提取液[0.2mol/L Tris-HCl，pH=9.0，0.2mol/L KCl，35mmol/L MgCl₂，25mmol/L EGTA，0.2mol/L 蔗糖，1%（体积分数）Triton X-100，2%（质量浓度）PVP，0.5mg/mL 肝素，100mmol/L β-巯基乙醇，100μg/mL 氯霉素，25μg/mL 环己酰亚胺，2mmol/L DTT，1mmol/L PMSF]，将其吸取到 Eppendorf（Ep）管中，涡旋后冰上放置 10min。4℃、14000r/min 离心 7min。吸取上清至一个新的 Ep 管中，加入 1/20 体积 10%（质量浓度）的脱氧胆酸钠，涡旋后冰上放置 5min，4℃、14000r/min 离心 15min。取 500μL 上清到事先备好的 15%～55%的蔗糖密度梯度上，4℃、45000r/min（SW50.1）离心 65min。准备 10 个 Ep 管，每管加 25μL 5% SDS 和 20μL 0.2mol/L EDTA。待超速离心完成后将分好的蔗糖梯度从上到下分别取等量 10 份加入到上述 Ep 管中，混匀后用酚/氯仿法提取 RNA，随后进行甲醛变性凝胶电泳，待转膜完成后进行 Northern 杂交。

4.1.2.3 体内同位素标记实验

体内蛋白标记实验参考 Armbrusteret（2010）和 Liu 等（2012）的方法，并略有修改。室温下，将植物新生叶片（约 12 天幼苗）浸泡于含有 20μg/mL 的环己酰亚胺标记液中，在 80μmol/(m²·s)的光强下处理 30min，之后用 1μCi/μL[³⁵S] Met（比活度>1000 Ci mmol；Amersham Pharmacia Biotech）标记 20min。在标记后的叶片中，加入 HMSN 类囊体膜提取液（10mmol/L HEPES，pH=7.6，5mmol/L MgCl₂·6H₂O，0.4mol/L 蔗糖，10mmol/L NaCl）冰上研磨，4℃、5000g 离心 10min。去除上清，沉淀中加入 2×SDS 上样缓冲液进行样品增溶，4℃、15000g 离心 10min 后进行 15% SDS-urea-PAGE 电泳。

为研究新合成蛋白的组装过程，新生叶片标记后，用标记液清洗两遍，紧接加入提前预冷的不含放射性同位素的 Met 进行追踪，时间分别为 15min、30min、60min，追踪完成后按上述方法提取类囊体膜蛋白。与之不同的是，沉淀中加入 1%（质量浓度）DM 进行增溶，4℃、20000g 离心 10min。吸取上清，加入 1/10 体积的 10×serva G，4℃、20000g 离心 5min 后进行 BN-PAGE 一向与二向电泳。

电泳完成后，用考马斯亮蓝（CBB）染色 30min（通过扫胶比对上样量情况），脱色后用 DMSO 处理至少 30min，随后用 20%（质量浓度）PPO（用 DMSO 配制）处理 2h 以上（摇床慢摇）。处理完成后，将其浸泡在水中大约 10min（可以更长时间），待凝胶恢复到原来大小，做成干胶。压片后于-80℃下放射自显影数日即可。

标记液（100mL）：23.5μL 1mol/L K₂HPO₄，76.5μL 1mol/L KH₂PO₄，100μL 20mg/mL 环己酰亚胺，0.1 g Tween-20。

追踪液：标记液中加入 1mmol/L methionine（Met）。

4.1.2.4 PSⅠ稳定性分析及高光处理实验

离体叶片置于含有 100μg/mL 林可霉素和 20μg/mL 环己酰亚胺的等渗溶液 (0.01mol/L Tris-HCl，pH=7.8，0.35mol/L NaCl) 中，黑暗处理 30min，以抑制其叶绿体基因与核基因的转录。之后将其分别置于 80μmol/(m² · s) 或 200μmol/(m² · s) 的光强下 25℃处理 24h。分别在 0h、8h、12h、16h、20h 和 24h 这六个时间点收集叶片，用于后续免疫印迹检测和 PSⅠ 活性分析。

高光处理实验中，直接将叶片浸泡于上述等渗溶液中，置于 900μmol/(m² · s) 的光强下 25℃处理 2h。分别在 0h、0.5h、1h 和 2h 这四个时间点收集叶片，用于后续免疫印迹检测和 PSⅠ 活性分析。

4.1.2.5 活性氧检测

ROS 荧光检测、NBT 和 DAB 染色方法参照本实验室方法（Zhong et al.，2013；Ding et al.，2016）。具体来说，ROS 荧光检测使用 10mmol/L H₂DCFDA（用 10mmol/L Tris-HCl，pH=7.2 配制）将植物叶片浸泡 10min，之后用 DMI-4500 荧光显微镜外带一个电荷耦合照相机（Leica）对 H₂DCFDA 和叶绿素荧光进行捕获。

NBT 染色测定叶片中的超氧化物含量。离体叶片置于 1mg/mL NBT 的溶液中，抽真空后染色 20min，再用 70℃预热的 75%（体积分数）酒精进行脱色，最后在体视镜下拍照即可。

DAB 染色测定叶片中的过氧化氢含量。离体叶片于 1mg/mL DAB-HCl（pH=3.8）的染液中，抽真空后黑暗室温反应 6h，之后再用 70℃预热的 75%（体积分数）酒精进行脱色，最后在体视镜下拍照即可。

单线态氧的测定参照 Chen 等（2013）的方法，将叶片浸泡于含有 50μmol/L singlet oxygen sensor green (SOSG，Invitrogen) 的溶液中，黑暗处理 2 h 后转入正常光、过剩光以及高光下处理（具体处理方法见 4.1.2.4）。SOSG 先用少量甲醇溶解，之后溶于 50mmol/L 磷酸缓冲液（pH=7.5）中。用含有 GFPA 滤光片（535 nm）的 Olympus IX71 CCD 显微镜观察，480 nm 紫外激发。

4.2 *vte6-3* 突变体 PSⅠ 相关基因稳态转录水平分析

为了找出叶绿醌的缺失导致 PSⅠ 复合物无法正常累积的原因。首先，对 PSⅠ 相关基因的转录水平进行了研究。RT-PCR 以及 Northern 印迹分析表明，PSⅠ 相关基因 *PsaA/B*、*PsaC*、*PsaD*、*PsaE*、*PsaF* 和 PSⅡ 相关基因 *PsbA*（编码 PSⅡ 的 D₁ 蛋白）的转录模式以及 mRNA 的累积均没有发生明显的变化，说明叶绿醌的缺失不影响 PSⅠ 基因的转录（图 4-1）。

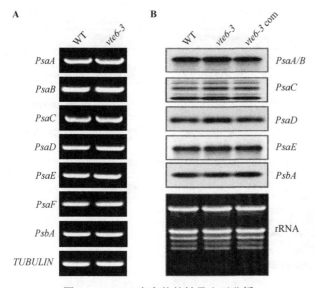

图 4-1　*vte6-3* 突变体的转录水平分析

A. RT-PCR 分析 PS I 相关基因 *PsaA*、*PsaB*、*PsaC*、*PsaD*、*PsaE*、*PsaF* 以及
PS II 相关基因 *PsbA* 的表达情况。*TUBULIN* 作为上样对照
B. Northern 印迹分析 PS I 相关基因 *PsaA*、*PsaB*、*PsaC*、*PsaD*、*PsaE*、*PsaF* 以及
PS II 相关基因 *PsbA* 的转录情况。以溴化乙锭（EtBr）染色的 rRNA 作为上样对照

4.3　*vte6-3* 突变体 PS I 蛋白翻译与合成分析

我们进一步对 PS I 蛋白的翻译及其合成进行了研究。首先，通过多聚核糖体实验分析了 PS I 相关基因 *PsaA/B*、*PsaC*、*PsaD*、*PsaE*、*PsaF* 以及 PS II 相关基因 *PsbA* 与多聚核糖体的结合情况。结果显示，*vte6-3* 突变体中 PS I 相关基因的 mRNA 结合多聚核糖体变化趋势与野生型的基本一致（图4-2），说明在该突变体中 PS I mRNAs 的翻译效率并没有受到影响。

为了进一步探究，运用同位素[35S]Met 进行体内蛋白标记实验，以此来分析 *vte6-3* 突变体中 PS I 复合物累积减少是否与 PS I 蛋白本身的合成受阻有关。将新生叶片（约 12 天幼苗）在环己酰亚胺（80S 核糖体翻译抑制剂，抑制核基因编码的蛋白合成）存在的条件下，用[35S]Met 标记 20 min，使新合成的叶绿体基因编码的蛋白带有放射性信号。结果显示，在标记结束后突变体中新合成的 PS I 反应中心蛋白 PsaA/B，PS II 蛋白 D_1/D_2、CP_{43} 和 CP_{47}，以及 ATP 合酶的 α/β 亚基的合成速率与野生型没有太大的差别（图4-3），这说明 *vte6-3* 突变体中 PS I 蛋白本身的合成能力并没有受到影响。因此推测，叶绿醌的缺失可能是影响了 PS I 复合物的组装或者稳定性，最终导致 PS I 复合物累积的下降。

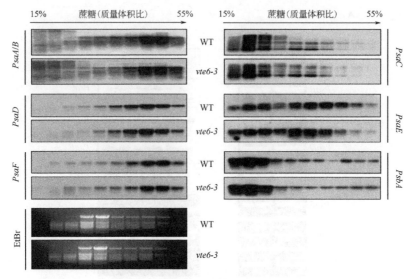

图 4-2　*vte6-3* 突变体的翻译效率分析

野生型和突变体中 PS I 相关基因 *PsaA/B*、*PsaC*、*PsaD*、*PsaE*、*PsaF* 以及
PS II 基因 *PsbA* 与多聚核糖体的结合情况分析

溴化乙锭（EtBr）染色显示 rRNAs 在蔗糖梯度中的分布，并以此作为上样对照
上方箭头所指的方向为蔗糖梯度浓度 15%～55%

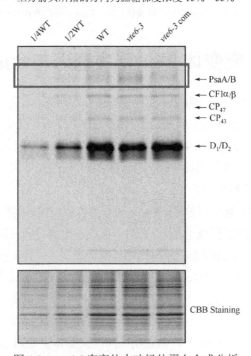

图 4-3　*vte6-3* 突变体中叶绿体蛋白合成分析

新生叶片（约 12 天幼苗）在环己酰亚胺存在的条件下，用[³⁵S]Met 标记 20 min 后，提取类囊体膜并进
行 15% SDS-urea-PAGE 电泳，放射自显影检测。考马斯亮蓝染色（CBB staining）作为上样对照

4.4 *vte6-3* 突变体 PS I 复合物的组装分析

为研究 PS I 复合物的组装过程，选用新生叶片（约 12 天幼苗）为实验材料，进行活体叶片的同位素标记与追踪实验。在环己酰亚胺存在的条件下，用带有放射性的[^{35}S]Met 标记后，再用不带放射性的 Met 分别追踪 0min、15min、30min 和 60min，然后提取该叶片的类囊体膜蛋白复合物，并进行 2D BN/SDS-PAGE 电泳分离。随后通过放射自显影可以清晰地看到 PS I 以及 PS II 复合物组装的全过程。如图 4-4 所示，

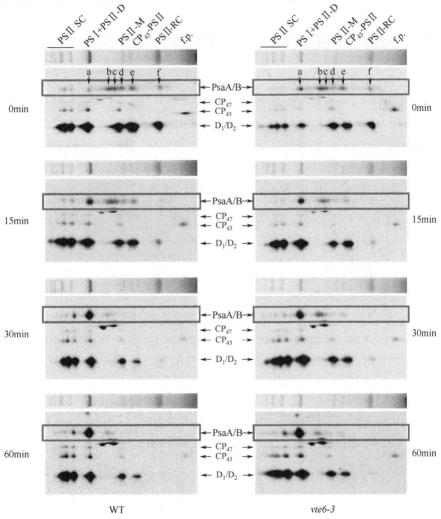

图 4-4 *vte6-3* 突变体中类囊体膜蛋白复合物组装分析

PS II SC—PS II 超级复合物；PS I +PS II -D—PS I 单体以及 PS II 二聚体；PS II -M—PS II 单体；CP$_{43}$-PS II —缺失 CP$_{43}$ 的 PS II 单体；PS II -RC—PS II 反应中心；f.p.—自由蛋白；a—PS I 复合物；b，c，d—PS I 组装中间体；e—PsaA/PsaB 异质二聚体（通过其分子量进行推断）；f—PS I 未参与组装的自由蛋白

叶片标记 20min 后，在野生型中能看到新合成的 PS I 核心亚基 PsaA/B 分布于不同的组分中，其中主要以未参与组装的自由蛋白（f）、PsaA/B 异质二聚体（e）以及 PS I 组装中间体（b、c、d）的形式存在，待追踪 15min、30min 和 60min 后，新生的 PsaA/B 蛋白能够有效地组装到 PS I 复合物（a）中。同样，在 vte6-3 突变体中，PS I 复合物的组装模式与上述野生型的一致。这一结果表明，尽管 vte6-3 突变体中 PS I 亚基的含量减少，但是它们却能有效地组装到 PS I 复合物中，也就是说叶绿醌的缺失并不影响 PS I 复合物的组装。

4.5　*vte6-3* 突变体 PS I 复合物稳定性分析

我们进一步对 vte6-3 突变体中 PS I 的稳定性进行了分析。首先将野生型和 vte6-3 突变体的离体叶片于含有林可霉素和环己酰亚胺的溶液中浸泡，以抑制叶绿体基因与核基因编码蛋白的合成，分别置于 $80\mu mol/(m^2 \cdot s)$ 和 $200\mu mol/(m^2 \cdot s)$ 的光强下。PS I 活性通过测定 P_{700} 最大光氧化能力（ΔA_{max}）来评估。免疫印迹实验用于检测 PS I 亚基 PsaA/B（叶绿体基因编码）和 PsaD（细胞核基因编码）、ATP 合酶复合物的 CFβ 亚基（叶绿体基因编码）以及细胞色素 b_6f 复合物的 PetD 亚基（细胞核基因编码）的含量变化情况。光照处理 24h 后，在 $80\mu mol/(m^2 \cdot s)$ 光强下处理的野生型和 vte6-3 突变体中，其 ΔA_{max} 随着曝光时间的延长略有下降，其中突变体下降的幅度较大，大约降低了 20%（野生型约降低了 10%）（图 4-5A）。然而，突变体叶片中 PsaA/B、PsaD、PetD 和 CFβ 亚基的含量同野生型一样没有发生太大变化（图 4-5C）。在 $200\mu mol/(m^2 \cdot s)$ 光强下处理 24h 后，vte6-3 突变体中 ΔA_{max} 随着曝光时间的延长急剧下降，大约降低了 80%（野生型约降低了 20%）（图 4-5B）。此外，PsaA/B 和 PsaD 亚基的含量在野生型中没有明显变化，但在突变体中大幅下降，而 PetD 和 CFβ 亚基的含量在野生型和突变体中均保持不变（图 4-5D）。以上结果表明，在 vte6-3 突变体中 PS I 稳定性受到一定程度的影响，进而表明叶绿醌的缺失引起了 PS I 复合物的不稳定，从而导致 PS I 亚基的降解。

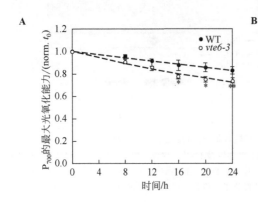
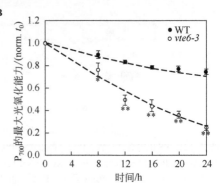

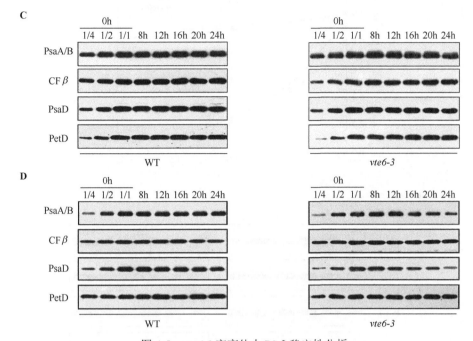

图 4-5　*vte6-3* 突变体中 PS I 稳定性分析

A 和 **B** 为 P_{700} 的最大光氧化能力（ΔA_{max}，以 0 点的起始值进行均一化）测定。野生型和 *vte6-3* 突变体的离体叶片在林可霉素和环己酰亚胺的处理下，分别于 80μmol/(m^2 • s) **(A)** 和 200μmol/(m^2 • s) **(B)** 的光强下处理 24h。标尺为 means ± SD（*n*=3）。统计学分析方法采用 *t* 检验(**，*P*<0.01)。**C** 和 **D** 为特定类囊体膜蛋白的免疫印迹分析。野生型和 *vte6-3* 突变体的离体叶片在林可霉素和环己酰亚胺的处理下，分别于 80μmol/(m^2 • s) **(C)** 和 200μmol/(m^2 • s) **(D)** 的光强下处理 24h

4.6　*vte6-3* 突变体对高光的敏感性分析

我们进一步对野生型和 ***vte6-3*** 突变体的离体叶片进行了高光［900μmol/(m^2 •s)］处理，通过测定 PS I 活性与 PS I 亚基含量的变化情况来对其进行高光敏感性分析。结果显示，野生型叶片经过 2h 处理后，其 P_{700} 最大光氧化能力（ΔA_{max}）略有下降，大约为处理前的 90%。相反，在 *vte6-3* 突变体中，处理 2h 后其 ΔA_{max} 急剧降低，大约为处理前的 20%（图 4-6A）。尽管 *vte6-3* 突变体高光处理后 PS I 活性下降，但是其 PS I 复合物中的亚基 PsaA/B 和 PsaD 含量同野生型一样并没有发生太大变化，同时 PetD 和 CFβ亚基的含量在野生型和突变体中同样保持不变（图 4-6B）。

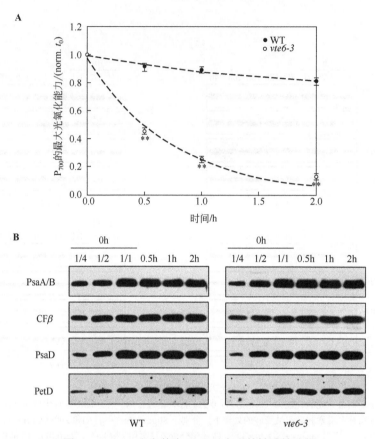

图 4-6　*vte6-3* 突变体中 PS I 对高光的敏感性分析

A. P_{700} 的最大光氧化能力（ΔA_{max}，以 0 点的起始值进行均一化）测定。野生型和 *vte6-3* 突变体的离体叶片于 900μmol/($m^2 \cdot s$) 的光强下处理 2h。标尺为 means ± SD（$n=3$）。统计学分析方法采用 t 检验(**, $P < 0.01$)

B. 特定类囊体膜蛋白的免疫印迹分析。野生型和 *vte6-3* 突变体的离体叶片于 900μmol/($m^2 \cdot s$) 的光强下处理 2h

4.7　*vte6-3* 突变体活性氧测定

以上的实验结果证明，叶绿醌的缺失影响了 PS I 复合物的稳定性，同时对高光敏感性增强，光损伤加剧，那么造成这一结果的原因是否与 PS I 中活性氧（ROS）的累积有关？为此，我们对上述不同光强处理条件下植物叶片中总的 ROS 含量以及过氧化氢、超氧化物和单线态氧的累积情况进行了详细分析。结果显示，与野生型相比，当离体植物叶片于正常光强 [80μmol/($m^2 \cdot s$)] 下处理 24h 后，*vte6-3* 突变体中 ROS 累积（包括过氧化氢、超氧化物和单线态氧含量均升高）（彩插 5）；离体植物叶片于过剩光强 [200μmol/($m^2 \cdot s$)] 下处理 24h 后，*vte6-3* 突变体中包括过氧化氢、超氧化物和单线态氧在内的 ROS 含量出现大量的累积（彩插 6）。这一结果说明 *vte6-3* 突变体中 PS Ⅰ 复合物的不稳定很有可能是过多的活性氧累积所致。此外，我们还检测了高光 [900μmol/(m² • s)] 处理条件下植物叶片中的 ROS 累积情况。与前两种处理结果一致，高光同样使得突变体中 ROS 大量累积（彩插 7）。

4.8 本章小结

在 *vte6-3* 突变体中，PS Ⅰ 复合物累积的下降并不是由于 PS Ⅰ 亚基的蛋白合成受阻或者 PS Ⅰ 复合物不能有效地组装引起的，而是与受损的 PS Ⅰ 复合物的稳定性有关。在正常光强[80μmol/(m² • s)]和过剩光强[200μmol/(m² • s)]处理条件下，*vte6-3* 突变体中 P_{700} 的氧化能力较野生型大幅下降，同时其 PsaA/B 和 PsaD 亚基的含量显著降低。野生型中的则没有太大变化。PS Ⅰ 复合物是高度稳定的，且对高光具有极强的耐受性，但是在 *vte6-3* 突变体中 PS Ⅰ 复合物在高光条件下 [900μmol/(m² • s)] 较野生型相比是极其敏感的，这说明叶绿醌的缺失可以导致 PS Ⅰ 对高光敏感。因此，结果表明在拟南芥中叶绿醌对维持 PS Ⅰ 复合物的稳定性是极其重要的。

那么为什么叶绿醌的缺失会影响 PS Ⅰ 复合物的稳定性呢？一方面，从最新解析的 PS Ⅰ-LHC Ⅰ 超级复合物晶体结构（Qin et al.，2015）中可以看出，PS Ⅰ 复合物中 PsaA 亚基的跨膜螺旋 7、8、9、10 以及位于基质侧的水平螺旋 Hs 与 PsaB 亚基的跨膜螺旋 7、8、9、10 以及位于基质侧的水平螺旋 Hs 之间相互联系，具有结构上的完整性，以维持 PsaA 和 PsaB 结构的稳定（彩插 8A）。其中，PsaA 的 Hs 结构与 PsaB 互作，同样 PsaB 的 Hs 结构与 PsaA 互作（彩插 8A 和 B）。进一步分析发现，PsaA 和 PsaB 的 10 号螺旋之间通过 PsaA 的 L690、L693 以及 F694 残基与 PsaB 的 F611、L664 以及 I665 残基之间的疏水相互作用进行连接（彩插 8C）。最终使得 PsaA 的 10-Hs 螺旋与 PsaB 的 10-Hs 螺旋之间形成一个 38°的二面角，这一角度正好适合电子传递链中的六个叶绿素分子排列，从而使之达到高效的电子传递（彩插 8D）。我们进而分析了 PS Ⅰ 中叶绿醌在 PsaA 和 PsaB 中的排布情况，在 PsaA 中叶绿醌的头部处于一个由 M691、F692 和 W700 残基共同形成的疏水腔中，进而产生一个由氢键结合的网络 W700-S695-叶绿醌，以此来进一步稳定了 PsaA 的结构。同样在 PsaB 中也有类似的结构，其中 M662、F663 和 W671 残基形成一个疏水腔，进而产生一个由氢键结合的网络 W671-S666-叶绿醌，以此来进一步稳定了 PsaB 的结构（彩插 8F）。此外，从图中还可以看出，位于 PsaA 和 PsaB 中的叶绿醌的尾部分别与叶绿素、β-胡萝卜素以及其他的残基通过疏水的相互作用相连（彩插 8E 和 F）。基于以上的结构分析，推测叶绿醌在维持 PsaA 和 PsaB 的 10-Hs 螺旋转角结构上起到决定性作用。因此，叶绿醌的缺失不仅会在一定程度上打破这一转角的角度，从而破坏 PsaA-PsaB 的稳定性，而且会使 PSⅠ复合物中的蛋白不能很好地与其电子传递链中各个辅因子相互适应，最终破坏电子传递的高效性。

另一方面，在 *vte6-3* 突变体中，叶绿醌的缺失导致 PSⅠ受体侧电子传递受阻，而对 PSⅡ的功能影响较小。因此推测在 *vte6-3* 突变体中，PSⅠ反应中心能够正常接收从 PSⅡ传递过来的电子，但是由于 PSⅠ受体侧电子载体缺失导致这些电子无法有效地传递下去，因此，PSⅠ接收的这些过多的电子很有可能会被传递给氧分子从而形成活性氧（ROS），特别是在过剩光强和高光处理的条件下，这一现象会更加明显。我们的研究还发现，在 *vte6-3* 突变体中，叶绿醌的含量下降到了野生型的 10%，但是其 PSⅠ-LHCⅠ的含量约是野生型的 30%，这一结果说明该突变体即使在缺乏叶绿醌的情况下，仍然有一定量的 PSⅠ-LHCⅠ超级复合物能稳定存在。已有研究表明在 PSⅠ中单线态氧可以通过电荷重组在 PSⅠ-LHCⅠ复合物中产生（Cazzaniga et al.，2012；Takagi et al.，2016）。因此，在 *vte6-3* 突变体中，叶绿醌缺失会使 PSⅠ中处于激发态的 P_{700} 在去激发态的过程中形成一个三线态，该三线态会和氧分子结合形成单线态氧。我们的结果也证明了在不同光强处理条件下，*vte6-3* 突变体的叶片中确实存在大量的 ROS 累积。可能正是因为这些过多 ROS 的存在最终导致 PSⅠ复合物受损，从而降低了 PSⅠ复合物的稳定性。

第五章

集胞藻 6803 中 *sll0875* 的基因功能研究

5.1 研究方案

根据之前氨基酸序列比对结果可知(图 3-1),在蓝藻中存在一个与拟南芥 VTE6 高度同源的蛋白 SLL0875。利用同源重组的原理,可用插入突变的方法体外构建并获得该基因敲除的突变体 *Δsll0875*,从而进一步验证植醇磷酸化途径对光合功能的影响。

5.1.1 研究材料

本章所用蓝藻材料为集胞藻(*Synechocystis* sp. PCC 6803),属于葡萄糖耐受型,由中科院植物研究所黄芳课题组馈赠。基因敲除的突变体 *Δsll0875* 通过插入突变的方法获得。

5.1.2 研究方法

5.1.2.1 集胞藻(*Synechocystis* sp. PCC 6803)的培养

集胞藻 6803 细胞用接种环划线至固体 BG-11 平板上,置于光强 50μmol/(m² •s)、温度 30℃的全日照光照培养箱中培养。待菌线长至蓝绿色时,刮取适量至 BG-11 液体培养瓶中继续培养。培养突变体 *Δsll0875* 藻株时,需要向 BG-11 培养基中添加卡那霉素至终浓度为 50μg/mL。在进行生理指标测定和样品提取时,对蓝藻进行人工通气培养。

5.1.2.2 蓝藻突变体 *Δsll0875* 的获得与鉴定

以蓝藻野生型细胞的基因组 DNA 为模板,以 *sll0875* F/R 为引物,体外扩增一段与 *VTE6* 同源的基因 *sll0875*(777bp),并连接于 pEASY-Blunt 克隆载体上,得到 sll0875-pEASY。同时以 Tn903 质粒为模板,以 *KANA* F/R 为引物,体外扩增一段卡那霉素抗性基因片段 Km^R(约 1100bp)(Oka et al., 1981)。由于 *sll0875* 基因在 367bp 处有一个 NcoI 的酶切位点。因此,用 NcoI 分别酶切已构建好的载体 sll0875-pEASY 和基因片段 Km^R,回收后将两者连接,并通过氨苄抗性和卡那抗性筛选测序,最终得到一个在基因 *sll0875* 中间插入一段 Km^R 的阳性克隆。之后对该阳性克隆进行质粒大提,并测定质粒浓度。

将培养至对数期的集胞藻 6803 细胞离心浓缩后重悬于 2mL 新鲜的 BG-11 培养基中,加入约 100μg 上述构建好的同源重组质粒,轻弹混匀后放入玻璃试管中,于光照培养箱中孵育至少 24h，使其自然转化。随后将孵育好的细胞涂于平铺在 BG-11 固体培养基上的纤维素滤膜上，培养两天后开始筛选。然后将滤膜分别转移至 10μg/mL、25μg/mL 和 50μg/mL 含卡那霉素的 BG-11 固体培养基上。待阳性单菌落长出后，挑取单克隆至添加了 50μg/mL 卡那霉素的 BG-11 液体培养基中扩大培养，多次继代后进行 DNA 和 RNA 水平验证。蓝藻生长曲线的测定，是将通气培养至对数期（OD_{730} 为 0.8 左右）的细胞离心收集，并重悬于新鲜 BG-11 培养基中，使其初始 OD_{730} 约为 0.1。（注：培养时，将三角瓶放置在转速为 60r/min 的摇床上，在光照培养箱中振荡培养数天。并每隔一段时间用分光光度计测定样品在 730nm 处的吸光值，即 OD_{730}，来监测其生长状况。）

5.1.2.3　蓝藻基因组 DNA 提取

（1）离心收集适量的蓝藻细胞，用裂解液[10%（质量浓度）sucrose，50mmol/L Tris-HCl，pH=8.0]洗一遍后重悬于 200μL 该裂解液中。液氮速冻 5min，放于冰上使其溶解。如此反复冻融 3～5 次。

（2）加入溶菌酶至终浓度为 50μg/mL，于 37℃摇床孵育 1 h。之后再加入 1/10 体积的 10%（质量浓度）SDS，继续 37℃摇床孵育 1 h。

（3）室温、12000r/min 离心 10min，取上清，随即加入 1/5 体积 5mol/L NaCl 和 1/5 体积的 CTAB/NaCl[10%（质量浓度）CTAB，100mmol/L NaCl]，混匀后再加入等体积的氯仿进行抽提。

（4）室温、12000r/min 离心 10min 后可看到溶液分层，取上层水相加入 1 倍体积的异丙醇并混匀。

（5）室温、12000r/min 离心 10min，弃上清，沉淀用 70%（体积分数）乙醇洗涤 2～3 次，倒置晾干后加入适量的灭菌 ddH₂O 溶解 DNA。

5.1.2.4　蓝藻叶绿素含量分析

将调整至等 OD 值的野生型和突变体蓝藻用紫外分光光度计在 360～750nm 范围内扫描样品，以测定其色素吸收光谱。

为进一步定量测定细胞中叶绿素的含量，参考 Porra 等（1989）的方法（甲醇萃取法），取一定量的藻液，室温、13000r/min 离心 10min，浓缩到 100μL，取 20μL 加 980μL 甲醇，充分涡旋振荡约 10min 后，室温、13000r/min 离心 10min，以甲醇为空白对照读取样品在 665nm 处的吸光值，即 OD_{665}，根据公式计算叶绿素 a（Chla）的含量：Chl a (μg/mL) = 13.42×稀释倍数×OD_{665}。

5.1.2.5　蓝藻叶绿素荧光分析

将处于对数生长期的待测蓝藻细胞暗适应 2min 后，用 PAM-101 测定蓝藻样品的室温叶绿素荧光，叶绿素浓度要求为 15μg/mL 左右。

5.1.2.6　蓝藻总蛋白的提取

蓝藻膜蛋白提取参照 Zhao 等（2017）的方法。蓝藻细胞低温离心收集，用洗涤缓冲液（50mmol/L HEPES-NaOH, pH=7.5，30mmol/L $CaCl_2$）清洗两次后加入一定体积的提取缓冲液（50mmol/L HEPES-NaOH，pH=7.5，30mmol/L $CaCl_2$，800mmol/L 山梨醇，1mmol/L 6-氨基己酸）和玻璃珠（150～212μm，Sigma），4℃涡旋破碎细胞。随后低速（550g）离心去除未破碎的细胞和玻璃珠，上清高速（17000g）离心 20min 后收集沉淀并将其溶于存储缓冲液（50mmol/L Tricine-NaOH，pH=7.5，600mmol/L 蔗糖，30mmol/L $CaCl_2$，1mol/L 甜菜碱）中即为蓝藻膜蛋白，可用于后续免疫印迹分析或于-70℃保存。所有操作均在低温弱光下进行。

5.2　*Δsll0875* 突变体的构建与生长特性分析

以野生型基因组为模板 PCR 扩增一段 *sll0875* 的编码区序列，同时利用该序列 367bp 处的 *Nco*I 的酶切位点插入一个外源的卡那霉素抗性基因 Km^r，并获得该基因插入失活的重组质粒（图 5-1B）。待转化野生型的集胞藻 6803 后进行不同浓度的卡那霉素抗性板筛选，经几轮传代培养后进行阳性克隆的鉴定与验证。从 DNA 水平鉴定结果中可以看出，野生型细胞中能扩增出一条长约 770bp 的 *sll0875* 基因，而不能扩增到卡那霉素抗性基因（Km^r），而在转化后的突变体细胞中可以扩增到一条长约 1860bp 的产物，该产物长度正是 *sll0875* 基因与 Km^r 基因长度的总和。这说明插入 *sll0875* 基因内部的 Km^r 基因已经成功整合到突变体细胞的基因组中（图 5-1C）。从转录水平检测结果来看，突变体中不能扩增到 *sll0875* 基因的转录本，说明卡那霉素抗性基因的插入导致 *sll0875* 基因不能进行转录（图 5-1D）。

进一步将野生型和 *Δsll0875* 突变体于正常光照条件下进行全日照振荡培养，并测定其生长曲线。如图 5-2A 所示，在不体外添加葡萄糖的条件下（光合自养生长），*Δsll0875* 的生长速率与野生型相比极其缓慢，而且在生长的后期突变体藻液颜色略微泛黄，几乎停止生长，甚至有的还由于缺乏营养而无法存活。一旦在培养基中加入 10mmol/L 葡萄糖后（光合混养生长），该突变体的生长速率加快，在生长后期，突变体的生长速率达到野生型的 90%左右（图 5-2B）。

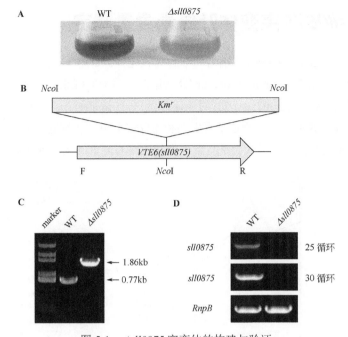

图 5-1　Δ*sll0875* 突变体的构建与验证

A. 野生型与Δ*sll0875* 突变体培养 4 d 后的表型

B. 同源重组质粒构建示意图。在 *sll0875* 基因中部插入一个卡那霉素抗性基因（*Km*ʳ）

C. DNA 水平检测插入失活。*sll0875* 基因全长约为 0.77kb，而插入卡那霉素抗性基因后，约为 1.86kb

D. RT-PCR 检测野生型和突变体中 *sll0875* 的转录情况。*RnpB* 为内参基因

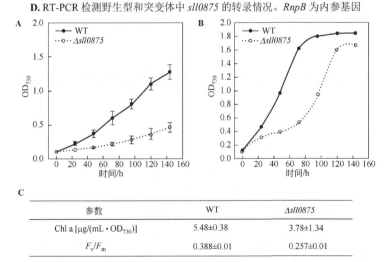

图 5-2　Δ*sll0875* 突变体的生长曲线与叶绿素含量测定

A. 体外不添加葡萄糖（光合自养生长）的条件下测定的野生型和Δ*sll0875* 突变体细胞生长曲线

B. 体外添加 10mmol/L 葡萄糖（光合混养生长）的条件下测定的野生型和Δ*sll0875* 突变体细胞生长曲线

C. 野生型和Δ*sll0875* 突变体细胞叶绿素含量及 PSⅡ最大光化学效率

5.3　Δsll0875突变体叶绿素含量测定

首先测定了 360~750nm 范围内的细胞吸收光谱。如图 5-3 所示，Δsll0875 突变体的细胞吸收光谱在 440nm 和 680nm 处（这两处对应叶绿素吸收峰）的峰值与野生型相比略有降低，而在 625nm 处（对应藻蓝蛋白——藻胆体的主要成分的吸收峰）的峰值则升高。我们进一步测定了野生型和Δsll0875 突变体细胞中的叶绿素含量，发现Δsll0875 突变体中叶绿素含量与野生型相比略有降低（图 5-2C）。

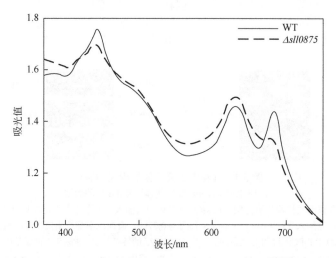

图 5-3　Δsll0875 突变体细胞在 360~750nm 范围内的吸收光谱

5.4　Δsll0875突变体叶绿醌、质体醌-9 和生育酚含量测定

拟南芥 VTE6 蛋白参与植醇磷酸化过程生成植基二磷酸，进而参与叶绿醌和生育酚的生物合成。因此，我们推测作为一个与 VTE6 高度同源的蛋白，SLL0875 的缺失必然也会导致叶绿醌和生育酚的含量降低。基于此我们通过 HPLC 的方法测定了蓝藻野生型和Δsll0875 突变体中两者的含量变化情况。从结果中可以清晰地看到，Δsll0875 突变体中叶绿醌和生育酚的含量均没有检测出来。此外，作为与叶绿醌结构和功能类似的另一个醌类物质——质体醌-9 的含量则有显著下降，约降到野生型的一半（图 5-4）。这些结果与拟南芥中的测定结果一致，进一步证明了 VTE6 蛋白参与叶绿醌和生育酚的生物合成。

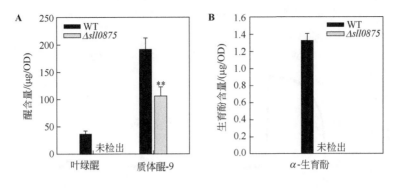

参数	WT	Δsll0875
叶绿醌/(μg/OD)	37.5175±5.3114	未检出
质体醌-9/(μg/OD)	191.3152±21.7889	106.5080±16.5013
α-生育酚/(μg/OD)	1.3280±0.0778	未检出

图 5-4　Δsll0875 突变体叶绿醌、质体醌-9 和生育酚含量测定

A. 野生型和突变体中叶绿醌和质体醌-9 含量测定；**B.** 野生型和突变体中生育酚含量测定，标尺为
means ± SD（n=3）；**C.** 野生型和突变体中叶绿醌、质体醌-9 和生育酚含量统计
统计学分析方法采用 t 检验(**, P < 0.01)

5.5　Δsll0875 突变体光合特性分析

　　根据以上在拟南芥中的研究结果可知，叶绿醌的缺失会导致 PS I 的活性下降。
为此，我们测定了野生型和Δsll0875 突变体全细胞的 P_{700} 氧化还原动力学曲线。从
结果中可以看出，Δsll0875 突变体在 820nm 处的光吸收值降到野生型的 10%以下，
说明 sll0875 基因的敲除使突变体中 PS I 功能大幅下降（图 5-5A）。同时，在Δsll0875
突变体中 PS II 最大光化学效率 F_v/F_m 较野生型略有降低（突变体中为 0.257，野生型
中为 0.388）（图 5-2C），说明突变体中 PS II 的活性有一定程度的降低。以上结果
表明，sll0875 基因的敲除主要影响了 PS I 的功能，而对 PS II 功能的影响较小（可
能是其次级效应导致）。

　　进一步，我们用 77K 低温荧光光谱检测了激发能在两个光系统之间的分配情况。
如图 5-5B 所示，叶绿素于 435nm 处激发后，在野生型中可以看到在 685nm 与 726nm
处有两个显著的峰值出现。其中 685nm 处主要是 PS II 的最大荧光发射峰，而 726nm
处主要是 PS I 的最大荧光发射峰。此外，在 650nm 处的小峰主要是藻胆体组分的
最大荧光发射峰。从结果中可以看到，在Δsll0875 突变体中，PS I 最大荧光发射峰
的峰值发生了 2nm 的蓝移，说明其 PS I 功能受损，能量不能有效地被利用。这与
拟南芥 vte6 突变体的结果一致。

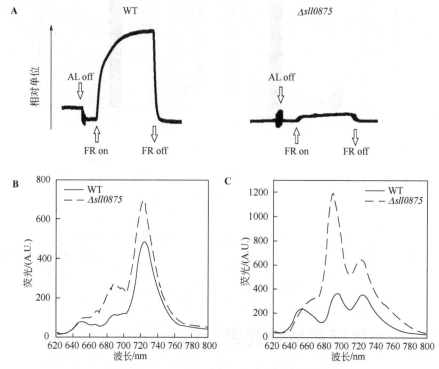

图 5-5 *Δsll0875* 突变体的光合特性研究

A 为野生型和 *Δsll0875* 突变体细胞的 P_{700} 在 820nm 处的氧化还原动力学曲线测定，等叶绿素浓度测定（30μg/mL）；**B** 为野生型和 *Δsll0875* 突变体全细胞的 77K 低温荧光发射光谱测定，将光合混养生长的细胞进行收集后，重悬于 25mmol/L HEPES-NaOH（pH=7.0）（含 67%甘油）中于 435nm 处激发，进行 620~800nm 的波长扫描；**C** 同 B，但是不含 67%甘油

AL—活化光；FR—远红光；A.U.—荧光定量的一种单位

5.6 *Δsll0875* 突变体稳态蛋白水平分析

为了从分子水平确定突变体 *Δsll0875* 中 PS I 功能受损情况，我们提取了蓝藻野生型和突变体的全蛋白，并通过免疫印迹的方法检测了突变体中光系统蛋白复合物的各亚基在其稳态水平的含量（图 5-6）。结果显示，在突变体 *Δsll0875* 中，PS I 亚基 PsaA、PsaB、PasC、PsaD、PsaF 以及捕光复合物蛋白 Lhca1 的含量下降到野生型的 40%甚至更低，而 PS II 亚基 D_1、D_2、PsbO 以及细胞色素 b₆f 复合物（Cyt f）、ATP 合酶（CFβ）、捕光复合物 II（LHC II）、RbsL 的含量与野生型相比没有太大的差别。这一结果说明 SLL0875 的缺失影响了 PS I 亚基的含量，从而使得该复合物的活性下降。

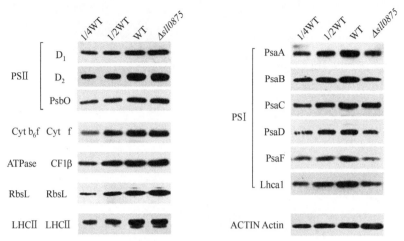

图 5-6　Δsll0875 突变体的稳态蛋白水平分析

分别提取野生型和Δsll0875 突变体叶片全蛋白，定量后等蛋白上样（10～25 μg），

免疫印迹分析类囊体膜蛋白的含量变化情况

5.7　本章小结

集胞藻 6803 中，SLL0875 的缺失使得蓝藻中无法检测到叶绿醌的存在，但不影响其参与萘醌环合成的各种酶（Slr0817、Sll0603、Slr1916、Sll0409、Slr0492、Sll1127、Slr0204、Slr1518、Sll1653）的基因正常表达，说明该突变体中叶绿醌的缺失是由其植基侧链合成受阻造成的。突变体Δsll0875 在不添加葡萄糖的弱光下生长极其缓慢，叶绿素含量下降。当在培养基中添加葡萄糖后，其生长速率加快，但是高光下仍不能存活。此外，在突变体Δsll0875 中，P_{700} 的氧化能力较野生型大幅下降且对能量的利用率降低，PSⅠ相关亚基的蛋白质含量显著下降，为野生型的一半以下。以上的结果进一步证明了植醇磷酸化途径影响了 PSⅠ的功能。

第六章

总结与展望

PSⅠ是自然界中最复杂的蛋白复合体之一，同时也是自然界中最高效的光能吸收和电子传递装置。PSⅠ的生物发生不仅需要叶绿体基因组和细胞核基因组编码的PSⅠ亚基间的协调作用，而且还涉及其中200多个辅因子间以及辅因子与蛋白间的相互配合，从而最终完成PSⅠ复合物的组装并维持其结构的稳定。截至目前，虽然已经鉴定到许多参与PSⅠ组装及其稳定的蛋白因子（Schwabe et al.，2000；Naver et al.，2001；Göhre et al.，2006；Stöckel et al.，2006；Ozawa et al.，2009；Albus et al.，2010），但是对于PSⅠ的辅因子参与其生物发生过程的研究还很少。叶绿醌是PSⅠ本身特有的一类辅因子，同时也是一类极其重要的光依赖型电子传递体。过去大量的研究表明，在缺失叶绿醌的突变体中，PSⅠ复合物累积受损，PSⅠ活性大幅下降（Shimada et al.，2005；Gross et al.，2006；Kim et al.，2008）。但是对于其如何影响PSⅠ功能的分子机理还知之甚少。在本书中，我们利用反向遗传学以及生物化学的方法鉴定到了一个植基单磷酸激酶VTE6，其定位于叶绿体内被膜上，参与叶绿体中植醇的磷酸化过程以及叶绿醌的生物合成，表明植醇磷酸化途径在叶绿醌的生物合成中起着关键作用。通过对vte6不完全敲除突变体vte6-3的深入研究，发现叶绿醌的缺失降低了PSⅠ的稳定性，说明叶绿醌在维持PSⅠ复合物的稳定性方面起着重要的作用，这一结果为揭示高等植物中PSⅠ辅因子维持PSⅠ生物发生的机理提供了一个新的认识。

当然，本研究还存在以下两个问题亟待解决：

（1）VTE5是最早被鉴定到的参与拟南芥植醇磷酸化途径的酶，位于VTE6的上游，催化植醇生成phytyl-P。但是在已报道的vte5缺失突变体中，生育酚含量降低，但是其植株生长不受影响，表型与野生型一致（Valentin et al.，2006；vom Dorp et al.，2015）。考虑到vte6的突变会导致植物幼苗致死，那么推断在拟南芥中一定还有另一个具有植醇激酶活性的酶参与这一过程。

（2）我们通过同源重组的方法成功筛选到蓝藻中vte6同源基因的完全敲除突变体Δsll0875。过去有研究发现，在蓝藻的叶绿醌缺失突变体中，PSⅠ的A_1位点会有另一个与之结构和功能相似的物质——质体醌，以维持部分PSⅠ活性。那么在该突变体中是否也有此现象？其PSⅠ活性降低的原因是否也同在拟南芥中一样，通过影响PSⅠ稳定性而导致其功能受损？

以上问题的解决将有利于我们更加系统地认清叶绿醌的生物合成途径及其在PSⅠ复合物中的生物学功能，为人们进一步了解PSⅠ的生物发生机制提供新的理解和认识。

附 录

附录1 本书所用拟南芥材料及培养条件

实验所用植物材料拟南芥（*Arabidopsis thaliana*），被誉为"植物中的果蝇"。它是一种原生于欧亚大陆的小型开花植物，与油菜、萝卜、卷心菜等同为十字花科植物，主要分为三种生态类型，即哥伦比亚生态型（Columbia，Col）、兰兹贝格生态型（Landsberg erecta，Ler）以及瓦斯莱生态型（Wassileskija，Ws），此外还有Nossen生态型等。拟南芥植株较小（一个8cm见方的培养盘可种植4~10株），生长周期短（从发芽到开花4~6周），结实多（每株植物可产生数千粒种子），基因组小（五对染色体，约2.6万个基因，是第一个实现全序列分析的植物基因组），在实验室易于培养，适于遗传操作，目前被广泛用于植物遗传学的研究。其中野生型WT/WT-Col和突变体*vte6-3*植株为Col生态型，WT为本实验室保存，突变体*vte6-3*购自拟南芥生物资源中心（*Arabidopsis* Biological Resource Center，ABRC，Ohio State University，USA）；野生型WT-Nos和突变体*vte6-1*、*vte6-2*植株为Nossen生态型，均购自RIKEN生物资源中心（Tsukuba，Japan）。根据文献报道，突变体*vte6-2*存在另一个位点的突变，因此，前人将其与野生型WT-Nos回交以消除其他突变位点（vom Dorp et al.，2015）。

拟南芥的野生型和突变体种子4℃避光春化48h后，用20%(体积分数)次氯酸钠消毒15min，之后用无菌水清洗5遍，点播在含有2%(质量浓度)蔗糖的Murashige and Skoog（MS）固体培养基上，置于光强80μmol/($m^2 \cdot s$)、温度22℃、湿度50%、光周期为14h/10h（白天/黑夜）的培养间生长，十天后，将培养皿中的幼苗移栽到土中继续生长。由于*vte6-1*和*vte6-2*纯合突变体无法光合自养，所以不需要移栽，继续在琼脂培养基上生长。此外，对于筛选转化后的阳性苗，在含有2%(质量浓度)蔗糖的MS固体培养基上外源添加40mg/L的潮霉素或卡那霉素。

附录2 所用引物信息

基因	上游引物(5'—3')	下游引物(5'—3')
	vte6-3突变体鉴定	
VTE6	GATGGAAGGAGTGATGAC (P1)	
		CTCTCCAAGATTGGCAATCTG (P2)
		ATTTTGCCGATTTCGGAAC (P3)
	ATTTTGCCGATTTCGGAAC (P4)	
		TCGTATCTTATTGCGGACCAC (P5)
Tubulin	ATCCGGTGCTGGTAACAACT	TGGAACCCTTGGAGACAGTC

基因	上游引物(5'—3')	下游引物(5'—3')
	vte6-1 和 *vte6-2* 突变体鉴定	
VTE6	ATGGCAACGATTTCGTCAACTC (P6)	
Ds3-2a H-edge	CCGGATCGTATCGGTTTTCG	GTCCAGCCAATGTTCCTTCAAG (P7)
Ds5-2a G-edge	TCCGTTCCGTTTTCGTTTTTTAC	
	互补系构建	
VTE6	CATGCCATGGATGGCAACGATTTCGTC	CGGCTAGCTTACTTGACCCAGTTCTGG
	实时定量 PCR, RT-PCR, 多聚核糖体和 Northern 印迹分析	
PsaA/B	ATCGCGGGTCATATGTATAG	CGAGCAAATAGAACACCTTTC
PsaA	TATTCGTTCGCCGGAACCAG	AAGGGAGTTGCTCCTTCAGC
PsaB	TTCCAAGGTTTAGCCAAGGC	TGTGTCCGATTCCAAAGTTC
PsaC	GAGCATGCCCTACAGACGTA	TACTTCGAGTTGTTTCATGCC
PsaD	CGCAGCTAGACCCAAACACAC	CTGTAAAACTGGTAAGTGATC
PsaE	GGCGATGACGTCAGCAGCTAC	CTTGGCGAACCGGACCACAAC
PsaF	TCTCGTTCTCAACCCGAGATC	ATGCCGCTGGTCTCCGTTCAC
PsbA	CTGCATCCGTTGATGAATGGC	CTTCTTGCCCGAATCTGTAACC
ICS1	TCTTCTCAGTTTCTGGGCTC	ACTGTACCAAGTGGCGTCTTG
ICS2	ATGGCGTCGCTTCAGTGTTC	TGGTGAATGAGGTTCGAGAG
PHYLLO	CAAGTGTGTGTGACTCGTAC	ATCGGAAGTCGTTGGTTGAG
AAE14	ATGGCTAATCACTCTCGGCC	AGTACGCCGTCAACGAACTC
NS	ATGGCGGATTCCAATGAGCT	CATCCATCGACGAAGCACTAC
DHNAT1	ATGGATTCTGCATCGTCCAAC	GACCTGTGATACGTGTCGGAG
ABC4	CCAGCAGAGGAGATGTAATCAC	GCTCTGGGAATCTCCTCTTC
NDC1	ATGGCCGTTCTCTCCTCTGT	GAGTTCCAACGAGAAGAGAG
Actin2	TGGAATCCACGAGACAACCT	TTCTGTGAACGATTCCTGGAC
AtMenG	ATGGCGGCTCTACTCGGTAT	CAATGCGGTTGAAGAGAATCC
	Δsll0875 突变体构建	
KANA	CATGCCATGGAGCCACGTTGTGTCTCAAAATC	CATGCCATGGGGTGATTTTGAACTTTTGCTTTGC
sll0875	ATGGACAATTCCCTGCTCAG	CTAAATCAACTGGGCCGTAG
	Δsll0875 突变体鉴定	
sll0875	AAATGTTTGGGGTTCTGC	CTTACCGCTCCTTCCGTC

附录3 中英文缩略词

缩写词	英文全称	中文名称
PQ	plastoquinone	质体醌
PhQ	phylloquinone	叶绿醌
GG–PP	geranylgeranyl–diphosphate	香叶酰基香叶酰二磷酸
phytyl–PP	phytyl–diphosphate	植基二磷酸
phytyl–P	phytyl–phosphate	植基单磷酸
PS I	photosystem I	光系统 I
PS II	photosystem II	光系统 II
F_m	the maximal fluorescence level after dark adaptation	暗适应后的最大荧光
F_o	the minimal fluorescence level after dark adaptation	暗适应后的最小荧光
F_s	stable fluorescence	稳态荧光
F_v	variable fluorescence	可变荧光
F_v/F_m	the maximal quantum efficiency of PS II	光系统 II 的最大光化学效率
P_m	maximal P_{700} change	最大的 P_{700} 变化值
P_o	minimal P_{700} change	最小的 P_{700} 变化值
$Y(I)$	photochemical quantum yield of PS I	PS I 有效的光化学量子产量
$Y(NA)$	nonphotochemical quantum yield of PS I caused by acceptor side limitation	来自受体侧受限的 PS I 非光化学量子产量
$Y(ND)$	nonphotochemical quantum yield of PS I caused by donor side limitation	来自供体侧受限的 PS I 非光化学量子产量
MOPS	3–morpholino propane sulfonic acid	3-吗啉丙磺酸
EDTA	ethylene diamine tetraacetic acid	乙二胺四乙酸
BN–PAGE	blue native–PAGE	蓝绿温和胶
ETC	electron transport chain	电子传递链
GFP	green fluorescence protein	绿色荧光蛋白
HEPES	N–(2-hydroxyethyl)piperazine–N'–(2-ethane sulfonic acid)	N-2-羟乙基哌嗪-N'-2-乙磺酸
Triton X–100	T–octylphenoxypolyethxoy ethanol	聚乙二醇辛基苯基醚
Tris	Tris hydroxymethyl aminomethane	三羟甲基氨基甲烷
YFP	yellow fluorescence protein	黄色荧光蛋白
CBB	Coomassie brilliant blue	考马斯亮蓝
ROS	reactive oxygen species	活性氧自由基
Chl	chlorophyll	叶绿素
NBT	nitro blue tetrazolium	氮蓝四唑
DAB	diaminobenzidine	二氨基联苯胺
vte6	vitamin E deficient 6	*vte6* 突变体
P_{700}	the primary electron donor of PS I	光系统 I 原初电子供体
DTT	dithiothreitol	二硫苏糖醇
DMSO	dimethyl sulfoxide	二甲基亚砜

缩写词	英文全称	中文名称
PCR	polymerase chain reaction	聚合酶链式反应
RT-PCR	reverse transcription PCR	反转录聚合酶链式反应
PPO	2, 5-diphenyloxazole	2,5-二苯基噁唑
SDS	sodium dodecyl sulfate	十二烷基硫酸钠
Tween-20	polythylene sorbitan monolaurat	聚氧乙烯山梨醇酐单月桂酸酯(吐温-20)
T-DNA	the transferable part of the Ti plasmid of *Agrobacterium*	农杆菌 Ti 质粒的可转移部分
HPLC	high performance liquid chromatography	高效液相色谱
LC-MS	liquid chromatography- mass spectrometer	液相色谱-质谱
OSB	*O*-succinyl-benzoate	*O*-琥珀酰苯甲酸盐
DHNA	1,4-dihydroxy-2- naphthoate	1,4-二羟基-2-萘甲酸盐
AAE14	OSB-CoA ligase	OSB-辅酶 A 连接酶
DHNAT	DHNA-CoA thioesterase	DHNA-辅酶 A 硫酯酶
ABC4	DHNA prenyltransferase	DHNA 异戊烯转移酶
AtMenG	demethylphylloquinone methyltransferase	去甲基化叶绿醌甲基转移酶
ICS1/ICS2	isochorismate synthase1/2	异分支酸合酶 1/2
NDC1	NAD(P)H dehydrogenase C1	NAD(P)H 脱氢酶 C1
LHC	light-harvesting complex	捕光复合物
PVDF	polyvinylidene fluoride	聚偏二氟乙烯
RNI	RNase inhibitor	RNA 酶抑制剂

参考文献

[1] Albanes D, Heinonen O P, Huttunen J K, et al. Effects of *alpha*-tocopherol and *beta*-carotene supplements on cancer incidence in the *alpha*-tocopherol，*beta*-carotene cancer prevention study. Am. J. Clin. Nutr.，1995，62：1427-1430.

[2] Albanes D, Malila N, Taylor PR, et al. Effects of supplemental *alpha*-tocopherol and *beta*-carotene on colorectal cancer: results from a controlled trial (Finland). Cancer Causes Control，2000，11：197-205.

[3] Albus C A, Ruf S, Schöttler M A, et al. Y3IP1, a nucleus-encoded thylakoid protein, cooperates with the plastid-encoded Ycf3 protein in photosystem I assembly of tobacco and *Arabidopsis*. Plant Cell, 2010, 22: 2838-2855.

[4] Allen J F, de Paula W B M, Puthiyaveetil S, et al. A structural phylogenetic map for chloroplast photosynthesis. Trends Plant Sci., 2011, 16: 645-655.

[5] Amann K, Lezhneva L, Wanner G, et al. *ACCUMULATION OF PHOTOSYSTEM ONE1*, a member of a novel gene family, is required for accumulation of [4Fe-4S] cluster-containing chloroplast complexes and antenna proteins. Plant Cell, 2004, 16: 3084-3097.

[6] Amunts A, Drory O, Nelson N. The structure of a plant photosystem I supercomplex at 3.4Å resolution. Nature, 2007, 447: 58-73.

[7] Amunts A, Toporik H, Borovikova A, et al. Structure determination and improved model of plant photosystem I. J. Biol. Chem., 2010, 285: 3478-3486.

[8] Armbruster U, Zühlke J, Rengstl B, et al. The *Arabidopsis* thylakoid protein PAM68 is required for efficient D_1 biogenesis and photosystem II assembly. Plant Cell，2010, 22: 3439-3460.

[9] Arnon D I, Allen M B, Whatley F R. Photosynthesis by isolated chloroplasts. Nature, 1954, 174:394-396.

[10] Austin J R, Frost E, Vidi P A, et al. Plastoglobules are lipoprotein subcompartments of the chloroplast that are permanently coupled to thylakoid membranes and contain biosynthetic enzymes. Plant Cell, 2006, 18: 1693-1703.

[11] Babujee L, Wurtz V, Ma C, et al. The proteome map of spinach leaf peroxisomes indicates partial compartmentalization of phylloquinone (vitamin K_1) biosynthesis in plant peroxisomes. J. Exp. Bot., 2010, 61: 1441-1453.

[12] Barr R, Pan R S, Crane F L, et al. Destruction of vitamin K_1 of cultured carrot cells by ultraviolet radiation and its effect on plasma membrane electron transport reactions. Biochem. Int., 1992, 27: 449-456.

[13] Ben-Shem A, Frolow F, Nelson N. Crystal structure of plant photosystem I. Nature, 2003,

426: 630-635.

[14] Bennett J. Phosphorylation of chloroplast membrane polypeptides. Nature, 1977, 307:478-480.

[15] Bergmüller E, Porfirova S, Dormann P. Characterization of an *Arabidopsis* mutant deficient in gamma-tocopherol methyltransferase. Plant Mol. Biol., 2003, 52: 1181-1190.

[16] Berman K, Brodaty H. Tocopherol (vitamin E) in Alzheimer's disease and other neurodegenerative disorders. CNS Drugs, 2004, 18: 807-825.

[17] Biggins J, Mathis P. Functional role of vitamin K_1 in photosystem I of the cyanobacterium *Synechocystis* sp. 6803. Biochem., 1988, 27: 1494-1500.

[18] Biggins J. Evaluation of selected benzoquinones, naphthoquinones, and anthraquinones as replacements for phylloquinone in the A_1 acceptor site of the photosystem I reaction center. Biochem., 1990, 29: 7259-7264.

[19] Brettel K, Leibl W. Electron transfer in photosystem I . Biochim. Biophys. Acta., 2001, 1507: 100-114.

[20] Brettel K, Setif P, Mathis P. Flash-induced absorption changes in photosystem I at low temperature: evidence that the electron acceptor A_1 is vitamin K_1. FEBS Lett., 1986, 203: 220-224.

[21] Bridge A, Barr R, Morré D J. The plasma membrane NADH oxidase of soybean has vitamin K_1 hydroquinone oxidase activity. Biochim. Biophys. Acta, 2000, 1463: 448-458.

[22] Bonardi V, Pesaresi P, Becker T, et al. Photosystem II core phosphorylation and photosynthetic acclimation require two different protein kinases. Nature, 2005, 437:1179-1182.

[23] Bonnerjea J, Evans M C W. Identification of multiple components in the intermediary electron carrier complex of photosystem I . FEBS Lett., 1982, 148: 313-316.

[24] Booth S L. Roles for vitamin K beyond coagulation. Annu Rev Nutr., 2009, 29: 89-110.

[25] Booth S L, Sadowski J A. Determination of phylloquinone in foods by high-performance liquid chromatography. Method. Enzymol., 1997, 282: 446-456.

[26] Booth S L, Suttie J W. Dietary intake and adequacy of vitamin K. J. Nutr., 1998, 128: 785-788.

[27] Bucke C. Distribution and stability of *a*-tocopherol in subcellular fractions of broad bean leaves. Phytochemistry, 1968,7: 693-700.

[28] Carmeli I, Frolov L, Carmili C, et al. Photovoltaic activity of photosystem I -based self-assembled monolayer. J. Am. Chem. Soc., 2007, 129: 12352-12353.

[29] Cazzaniga S, Li Z, Niyogi K K, et al. The *Arabidopsis szl1* mutant reveals a critical role of β-carotene in photosystem I photoprotection. Plant Physiol., 2012, 159: 1745-1758.

[30] Chapman M, Suh S E, Cascio D, et al. Sliding-layer conformational change limited by the quaternary structure of plant RubisCO. Nature, 1987, 329:354-356.

[31] Chen D Q, Xu G, Tang W J, et al. Antagonistic basic Helix-Loop-Helix/bZIP transcription

factors form transcriptional modules that integrate light and reactive oxygen species signaling in *Arabidopsis*. Plant Cell, 2013, 25: 1657-1673.

[32] Cheng Z, Sattler S, Maeda H, et al. 2003. Highly divergent methyltransferases catalyze a conserved reaction in tocopherol and plastoquinone synthesis in cyanobacteria and photosynthetic eukaryotes. Plant Cell, 15: 2343-2356.

[33] Collakova E, DellaPenna D. Isolation and functional analysis of homogentisate phytyltransferase from *Synechocystis* sp. PCC 6803 and *Arabidopsis*. Plant Physiol., 2001, 127: 1113-1124.

[34] Cordoba M C, Serrano A, Cordoba F, et al. Topography of the 27- and 31-kDa electron transport proteins in the onion root plasma membrane. Biochem. Biophys. Res. Commun., 1995, 216: 1054-1059.

[35] Coulter I D, Hardy M L, Morton S C, et al. Antioxidantsvitamin C and vitamin E for the prevention and treatment of cancer. J. Gen. Intern. Med., 2006, 21: 735-744.

[36] Cox G B, Gibson F. Biosynthesis of vitamin K and ubiquinone. Biochim. Biophys. Acta, 1964, 93: 204-206.

[37] Dam H, Schønheyder F. The occurrence and chemical nature of vitamin K. Biochem, 1936, 30: 897-901.

[38] Dansette P, Azerad R. A new intermediate in naphthoquinone and menaquinone biosynthesis. Biochem. Biophys. Res. Commun., 1970, 40: 1090-1095.

[39] Dasilva E J, Jensen A. Content of α-tocopherol in some blue-green algae. Biochim Biophys Acta, 1971, 239: 345-347.

[40] Davidson K W, Sadowski J A. Determination of vitamin K compounds in plasma or serum by high-performance liquid chromatography using postcolum chemical reduction and fluorimetric detection. Method. Enzymol., 1997, 282: 408-421.

[41] DellaPenna D, Mène-Saffrané L. Vitamin E. Adv. Bot. Res., 2011, 59: 179-227.

[42] Ding S, Jiang R, Lu Q, et al. Glutathione reductase 2 maintains the function of photosystem II in *Arabidopsis* under excess light. Biochim. Biophys. Acta, 2016, 1857: 665-677.

[43] Duysens L N M, Amesz J, Kamp B M. Two photochemical systems in photosynthesis. Nature, 1961, 190:510-511.

[44] Döring O, Lüthje S, Böttger M. Inhibitors of the plasma membrane redox system of *Zea mays* L. roots. The vitamin K antagonists dicumarol and warfarin. Biochim. Biophys. Acta, 1992, 1110: 235-238.

[45] Eugeni Piller L, Besagni C, Ksas B, et al. Chloroplast lipid droplet type II NAD(P)H quinone oxidoreductase is essential for prenylquinone metabolism and vitamin K$_1$ accumulation. Proc. Natl. Acad. Sci. USA, 2011, 108: 14354-14359.

[46] Falk J, Andersen G, Kernebeck B, et al. Constitutive overexpression of barley 4-hydroxyphenylpyruvate dioxygenase in tobacco results in elevation of the vitamin E content in seeds but not in leaves, FEBS Lett., 2003, 540: 35-40.

[47] Fariss M W, Zhang J G. Vitamin E therapy in Parkinson's disease. Toxicology, 2003, 189: 129-146.

[48] Fatihi A, Latimer S, Schmollinger S, et al. A Dedicated type II NADPH dehydrogenase performs the penultimate step in the biosynthesis of vitamin K_1 in *Synechocystis* and *Arabidopsis*. Plant Cell, 2015, 27: 1730-1741.

[49] Ferro M, Salvi D, Riviere-Rolland H, et al. Integral membrane proteins of the chloroplast envelope: identification and subcellular localization of new transporters. Proc.Natl. Acad. Sci. USA, 2002, 99: 11487-11492.

[50] Fraser P D, Pinto M E S, Holloway D E, et al. Application of high-performance liquid chromatography with photodiode array detection to the metabolic profiling of plant isoprenoids. Plant , 2000, 24: 551-558.

[51] Garcion C, Lohmann A, Lamodière E, et al. Characterization and biological function of the *ISOCHORISMATE SYNTHASE2* gene of *Arabidopsis*. Plant Physiol., 2008, 147: 1279-1287.

[52] Gast P, Swarthoff T, Ebskamp F C R, et al. Evidence for a new early acceptor in photosystem I of plants. An ESR investigation of reaction center triplet yield and of the reduced intermediary acceptors. Biochim. Biophys. Acta, 1983, 722: 163-175.

[53] Gaudillière J P, d'Harlingue A, Camara B, et al. Prenylation and methylation reactions in phylloquinone (vitamin K_1) synthesis in *Capsicum annuum* plastids. Plant Cell Rep., 1984, 3: 240-242.

[54] Gey K F, Puska P, Jordan P, et al. Inverse correlation between plasma vitamin E and mortality from ischemic heart disease in cross-cultural epidemiology. Am. J. Clin. Nutr., 1991, 53: 326S-334S.

[55] Golbeck J H, Kok B. Further studies of the membrane-bound iron-sulfur proteins and P_{700} in a photosystem I subchloroplast particle. Arch. Biochem. Biophys., 1978, 188: 233-242.

[56] Golbeck J H. The binding of cofactors to photosystem I analyzed by spectroscopic and mutagenic methods. Annu. Rev. Biophys. Biomol. Struct., 2003, 32: 237-256.

[57] Gould S B, Waller R F, McFadden G I. Plastid evolution. Annu. Rev. Plant Biol., 2008, 59: 491-517.

[58] Göhre V, Ossenbuhl F, Crevecoeur M, et al. One of two Alb3 proteins is essential for the assembly of the photosystems and for cell survival in *Chlamydomonas*. Plant Cell, 2006, 18: 1454-1466.

植醇磷酸化途径调控光合作用分子机理研究

[59] Gross J, Cho W K, Lezhneva L, et al. A plant locus essential for phylloquinone (vitamin K₁)
biosynthesis originated from a fusion of four eubacterial genes. J. Biol. Chem., 2006, 281:
17189-17196.

[60] Grusak M A, DellaPenna D. Improving the nutrient composition of plants to enhance human
nutrition and health. Annu. Rev. Plant Physiol.Mol.Biol., 1999, 50: 133-161.

[61] Gruszka J, Pawlak A, Kruk J, Tocochromanols, plastoquinol, and other biological prenyllipids
as singlet oxygen quenchers-determination of singlet oxygen quenching rate constants and
oxidation products. Free Radical Biol. Med., 2008, 45: 920-928.

[62] Guergova-Kuras M, Boudreaux B, Joliot A, et al. Evidence for two active branches for electron
transfer in photosystem Ⅰ. Proc. Natl. Acad. Sci. USA, 2001, 98: 4437-4442.

[63] Haldrup A, Simpson D J, Scheller H V. Down-regulation of the PS Ⅰ -F subunit of photosystem
Ⅰ in *Arabidopsis thaliana*. The PS Ⅰ -F subunit is essential for photoautotrophic growth and
contributes to antenna function. J. Biol. Chem., 2000, 275: 31211-31218.

[64] Heber U, Heldt H W. The chloroplast envelope—structure, function, and role in leaf
metabolism. Annu Rev Plant Physiol., 1981, 32: 139-168.

[65] Heide L, Kolkmann R, Arendt S, et al. Enzymic synthesis of *o*-succinylbenzoyl -CoA in cell-
free extracts of anthraquinone producing *Galium mollugo* L. cell suspension cultures. Plant
Cell Rep., 1982, 1: 180-182.

[66] Hess J L. Vitamin E. *α*-tocopherol. Alscher R G, Hess J L. Antioxidants in Higher Plants.
Boca Raton: CRC Press, 1993, 111-134.

[67] Hill R. Oxygen evolution by isolated chloroplasts. Nature, 1937, 139:881-882.

[68] Horvath G, Wessjohann L, Bigirimana J, et al. Differential distribution of tocopherols and
tocotrienols in photosynthetic and non-photosynthetic tissues. Phytochemistry, 2006, 67:1185-
1195.

[69] Hutson K G, Threlfall D R. Asymetric incorporation of 4-(20-carboxyphenyl)-4- oxobutyrate
into phylloquinone by *Zea mays*. Phytochem., 1980, 19: 535-537.

[70] Ikeuchi M, Tabata S. *Synechocystis* sp. PCC 6803—a useful tool in the study of thegenetics of
cyanobacteria. Photosynth. Res., 2001, 70: 73-83.

[71] Interschick-Niebler E, Lichtenthaler H K. Partition of phylloquinone K₁ between digitonin
particles and chlorophyll-proteins of chloroplast membranes from *Nicotiana tabacum*. Z.
Naturforsch., 1981, 36c: 276-283.

[72] Ischebeck T, Zbierzak A M, Kanwischer M, et al. A salvage pathway for phytol metabolism in
Arabidopsis. J. Biol. Chem., 2006, 281: 2470-2477.

[73] Itoh S, Iwaki M, Ikegami I. Modification of photosystem Ⅰ reaction center by the extraction

and exchange of chlorophylls and quinones. Biochim. Biophys. Acta, 2001, 1507: 115-138.

[74]   Jiang M, Chen M, Guo Z F, et al. A bicarbonate cofactor modulates 1,4-dihydroxy-2-naphthoyl-coenzyme a synthase in menaquinone biosynthesis of *Escherichia coli*. J. Biol. Chem., 2010, 285: 30159-30169.

[75]   Johnson T W, Shen G, Zybailov B, et al. Recruitment of a foreign quinone into the A(1) site of photosystem I . I . Genetic and physiological characterization of phylloquinone biosynthetic pathway mutants in *Synechocystis* sp. PCC 6803. J. Biol. Chem., 2000, 275: 8523-8530.

[76]   Johnson T W, Zybailov B, Jones A D, et al. Recruitment of a foreign quinone into the A_1 site of photosystem I . In vivo replacement of plastoquinone-9 by media-supplemented naphthoquinones in PhQ biosynthetic pathway mutants of *Synechocystis* sp. PCC 6803. J. Biol. Chem., 2001, 276: 39512-39521.

[77]   Johnson T W, Naithani S, Stewart Jr C, et al. The *menD* and *menE* homologs code for 2-succinyl-6-hydroxyl-2,4-cyclohexadiene-1-carboxylate synthase and *o*-succinylbenzoic acid-CoA synthase in the phylloquinone biosynthetic pathway of *Synechocystis* sp. PCC 6803. Biochim. Biophys. Acta, 2003, 1557: 67-76.

[78]   Joo C N, Park C E, Kramer J K G, et al. Synthesis and acid hydrolysis of monophosphate and pyrophosphate esters of phytanol and phytol. Can. J. Biochem., 1973, 51: 1527-1536.

[79]   Jordan P, Fromme P, Witt H T, et al. Three-dimensional structure of cyanobacterial photosystem I at 2.5 Å resoluteon. Nature, 2001, 411: 909-917.

[80]   KanekoT, Sato S, Kotani H, et al. Sequence analysis of the genome of the unicellular cyanobacterium *Synechocystis* sp. strain PCC 6803. II . sequence determination of the entire genome and assignment of potential protein-coding regions. DNA Res., 1996, 3: 109-136.

[81]   Kasting J F. The rise of atmospheric oxygen. Science, 2001, 293: 819-820.

[82]   Keller Y, Bouvier F, d'Harlingue A, et al. Metabolic compartmentation of plastid prenyllipid biosynthesis evidence for the involvement of a multifunctional geranylgeranyl reductase. Eur. J. Biochem., 1998, 251: 413-417.

[83]   Kim H U, van Oostende C, Basset G J, et al. The *AAE14* gene encodes the *Arabidopsis o*-succinylbenzoyl-CoA ligase that is essential for phylloquinone synthesis and photosystem I function. Plant J., 2008, 54: 272-283.

[84]   Klughammer C S U. Measuring P_{700} absorbance changes in the near infrared spectral region with a dual wavelength pulse modulation system. Photosynthesis: mechanisms and effects, 1998, 5: 4357-4360.

[85]   Klughammer C, Schreiber U. Saturation pulse method for assessment of energy conversion in PS I . PAM Application Notes, 2008, 1: 11-14.

[86]   Kolkmann R, Leistner E. 4-(20-Carboxyphenyl)-4-oxobutyryl coenzyme A ester, an intermediate in vitamin K$_2$ (menaquinone) biosynthesis. Z. Naturforsch. C, 1987, 42: 1207-1214.

[87]   Kruk J, Hollander-Czytko H, Oettmeier W, et al. Tocopherol as singlet oxygen scavenger in photosystem Ⅱ. J. Plant Physiol., 2005, 162: 749-757.

[88]   Kruk J, Karpinski S. An HPLC-based method of estimation of the total redox state of plastoquinone in chloroplasts, the size of the photochemically active plastoquinone-pool and its redox state in thylakoids of *Arabidopsis*. Biochim. Biophys, Acta, 2006, 1757: 1669-1675.

[89]   Kruk J, Schmid G H, Strzalka K. Interaction of *alpha*-tocopherol quinone, *alpha*-tocopherol and other prenyllipids with photosystem Ⅱ. Plant Physiol. Biochem., 2000, 38: 271-277.

[90]   Kurisu G, Zhang H, Smith J L, et al. Structure of the bytochrome b$_6$f complex of oxygenic photosynthesis:Tuning the cavity. Science, 2003, 302: 1009-1014.

[91]   Lass A, Sohal R S. Electron transport-linked ubiquinone-dependent recycling of *alpha*-tocopherol inhibits autooxidation of mitochondrial membranes. Arch. Biochem., Biophys., 1998, 352: 229-236.

[92]   Lefebvre-Legendre L, Rappaport F, Finazzi G, et al. Loss of phylloquinone in *Chlamydomonas* affects plastoquinone pool size and photosystem Ⅱ synthesis. J. Biol. Chem., 2007, 282: 13250-13263.

[93]   Ledford H K, Baroli I, Shin J W, et al. Comparative profiling of lipid-soluble antioxidants and transcripts reveals two phases of photo-oxidative stress in a xanthophyll-deficient mutant of *Chlamydomonas reinhardtii*. Mol Genet Genomics, 2004, 272: 470-479.

[94]   Lewis N S. Toward cost-effective solar energy use. Science, 2007, 315: 798-801.

[95]   Lezhneva L, Amann K, Meurer J. The universally conserved HCF101 protein is involved in assembly of [4Fe-4S]-cluster-containing complexes in *Arabidopsis thaliana* chloroplasts. Plant J., 2004, 37: 174-185.

[96]   Liberton M, Berg R H, Heuser J, et al. Ultrastructure of the membrane systems in the unicellular cyanobacterium *Synechocystis* sp. strain PCC 6803. Protoplasma, 2006, 227: 129-138.

[97]   Lichtenthaler H K, Prenzel U, Douce R, et al. Localization of prenylquinones in the envelope of spinach-chloroplasts. Biochim Biophys Acta, 1981, 641: 99-105.

[98]   Liu J, Yang H, Lu Q, et al. PsbP-domain protein1, a nuclear-encoded thylakoid luminal protein, is essential for photosystem Ⅰ assembly in *Arabidopsis*. Plant Cell, 2012, 24: 4992-5006.

[99]   Lochner K, Döring O, Böttger M. Phylloquinone, what can we learn from plants? BioFactors, 2003, 18: 73-78.

[100]   Lohmann A, Schottler M A, Brehelin C, et al. Deficiency in phylloquinone (vitamin K$_1$) methylation affects prenyl quinone distribution, photosystem Ⅰ abundance, and anthocyanin

accumulation in the *Arabidopsis* AtmenG mutant. J. Biol. Chem., 2006, 81: 40461-40472.

[101] Lüthje S, Van Gestelen P, Córdoba-Pedregosa M C, et al. Quinones in plant plasma membranes—A missing link? Protoplasma, 1998, 205: 43-51.

[102] Lüthje S, Döring O, Heuer S, et al. Oxidoreductases in plant plasma membranes. Biochim. Biophys. Acta, 1997, 1331: 81-102.

[103] Luis P, Behnke K, Toepel J, et al. Parallel analysis of transcript levels and physiological key parameters allows the identification of stress phase gene markers in *Chlamydomonas reinhardtii* under copper excess. Plant Cell Environ, 2006, 29: 2043-2054.

[104] Luster D G, Buckhout T J. Purification and identification of a plasma membrane associated electron transfer protein from maize (*Zea mays* L.) roots. Plant Physiol., 1989, 91: 1014-1019.

[105] Malferrari M, Francia F. Isolation of plastoquinone from spinach by HPLC. J. Chromatogr. Sep. Tech., 2014, 5: 242-244.

[106] Mansfield R W, Evans M C W. UV optical difference spectrum associated with the reduction of electron acceptor A_1 in photosystem I of higher plants. FEBS Lett., 1986, 203: 225-229.

[107] Martínez-García J F, Monte E, Quail P H. A simple, rapid and quantitative method for preparing *Arabidopsis* protein extracts for immunoblot analysis. Plant J., 1999, 20: 251-257.

[108] McCarthy P T, Harrington D J, Shearer M J. Assay of phylloquinone in plasma by high-performance liquid chromatography with electrochemical detection. Methods in Enzymology, 1997, 282: 421-438.

[109] McLaughlin P, Weihrauch J C. Vitamin E content of foods. J. Am. Diet. Assoc., 1979, 75: 647-665.

[110] Meurer J, Meierhoff K, Westhoff P. Isolation of high-chlorophyll fluorescence mutants of *Arabidopsis thaliana* and their characterization by spectroscopy, immunoblotting and northern hybridisation. Planta, 1996, 198: 385-396.

[111] Motohashi R, Ito T, Kobayashi M, et al. Functional analysis of the 37 kDa inner envelope membrane polypeptide in chloroplast biogenesis using a Ds-tagged *Arabidopsis* pale-green mutant. Plant J., 2003, 34: 719-731.

[112] Munne-Bosch S, Alegre L. The function of tocopherols and tocotrienols in plants. Crit Rev Plant Sci, 2002, 21: 31-57.

[113] Munne-Bosch S, Schwarz K, Alegre L. Enhanced formation of α-tocopherol and highly oxidized abietane diterpenes in water-stressed rosemary plants. Plant Physiol., 1999, 121: 1047-1052.

[114] Munteanu A, Zingg J M. Cellular, molecular and clinical aspects of vitamin E on atherosclerosis prevention. Mol. Aspects Med, 2007, 28: 538-590.

[115] Munne-Bosch S, Shikanai T, Asada K. Enhanced ferredoxin-dependent cyclic electron flow around photosystem Ⅰ and *alpha*-tocopherol quinine accumulation in water-stressed ndhB-inactivated tobacco mutants. Planta, 2005, 222: 502-511.

[116] Naver H, Boudreau E, Rochaix J D. Functional studies of Ycf3: its role in assembly of photosystem Ⅰ and interactions with some of its subunits. Plant Cell, 2001, 13: 2731-2745.

[117] Nelson N. Plant photosystem Ⅰ—the most efficient nano-photochemical machine. J. Nanosci. Nanotechnol, 2009, 9: 1709-1713.

[118] Nelson N，Ben-Shem A. The complex architecture of oxygenic photosynthesis. Nat. Rev. Mol. Cell Biol., 2004, 5: 971-982.

[119] Nevo R, Charuvi D, Shimoni E, et al. Thylakoid membrane perforations and connectivity enable intracellular traffic in cyanobacteria. EMBO J., 2001, 26: 1467-1473.

[120] Norris S R, Shen X, DellaPenna D. Complementation of the *Arabidopsis* pds1 mutation with the gene encoding p-hydroxyphenylpyruvate dioxygenase. Plant Physiol., 1998, 117: 1317-1323.

[121] Oka A, Sugisaki H, Takanami M. Nucleotide sequence of the kanamycin resistancetransposon Tn903. J. Mol. Biol., 1981, 147: 217-226.

[122] Oostende C, Widhalm J R, Basset G J. Detection and quantification of vitamin K_1 quinol in leaf tissues. Phytochem., 2008, 69: 2457-2462.

[123] Ozawa S I, Nield J, Terao A, et al. Biochemical and structural studies of the large Ycf4-photosystem Ⅰ assembly complex of the green alga *Chlamydomonas reinhardtii*. Plant Cell, 2009, 21: 2424-2442.

[124] Pakrasi H B. Genetic analysis of the form and function of photosystem Ⅰ and photosystem Ⅱ. Annu. Rev. Genetics, 1995, 29: 755-776.

[125] Pfannschmidt T, Nilsson A, Allen J F. Photosynthetic control of chloroplast gene expression. Nature, 1999, 397:625-628.

[126] Pfündel E, Klughammer C, Schreiber U. Monitoring the effects of reduced PS Ⅱ antenna size on quantum yields of photosystems Ⅰ and Ⅱ using the Dual-PAM-100 measuring system. PAM Application Notes, 2008, 1: 21-24.

[127] Porfirova S, Bergmüller E, Tropf S, et al. Isolation of an *Arabidopsis* mutant lacking vitamin E and identification of a cyclase essential for all tocopherol biosynthesis. Proc. Natl. Acad. Sci. USA, 2002, 99: 12495-12500.

[128] Porra R J, Thompson W A, Kriedemann P E. Determination of accurate extinction coefficients and simultaneous equations for assaying chlorophylls a and b extracted with four different solvents: verification of the concentration of chlorophyll standards by atomic absorption

spectroscopy. Biochim. Biophys. Acta, 1989, 975: 384-394.

[129] Qin X, Suga M, Kuang T, et al. Structural basis for energy transfer pathways in the plant PS I-LHC I supercomplex. Science, 2015, 348: 989-995.

[130] Reumann S, Babujee L, Ma C, et al. Proteome analysis of *Arabidopsis* leaf peroxisomes reveals novel targeting peptides, metabolic pathways, and defense mechanisms. Plant Cell, 2007, 19: 3170-3193.

[131] Reumann S. Biosynthesis of vitamin K_1 (phylloquinone) by plant peroxisomes and its integration into signaling molecule synthesis pathways. Subcell. Biochem., 2013, 69: 213-229.

[132] Rippka R, Deruelles J, Waterbury J B, et al. Generic assignments, strain histories and properties of pure cultures of cyanobacteria. J. General Microbiol., 1979, 111: 1-61.

[133] Rise M, Cojocaru M, Gottlieb H E, et al. Accumulation of α-tocopherol in senescing organs as related to chlorphyll degradation. Plant Physiol., 1989, 89: 1028-1030.

[134] Savidge B, Weiss J D, Wong Y H H, et al. Isolation and characterization of homogentisate phytyltransferase genes from *Synechocystis* sp. PCC 6803 and *Arabidopsis*. Plant Physiol., 2002, 129: 321-332.

[135] Scheller H V, Jensen P E, Haldrup A, et al. Role of subunits in eukaryotic photosystem I. Biochim. Biophys. Acta, 2001, 1507: 41-60.

[136] Schledz M, Seidler A, Beyer P, et al. A novel phytyltransferase from *Synechocystis* sp. PCC 6803 involved in tocopherol biosynthesis. FEBS Lett., 2001, 499: 15-20.

[137] Schneider D, Fuhrmann E, Scholz I, et al. Fluorescence staining of live cyanobacterial cells suggest non-stringent chromosome segregation and absence of a connection between cytoplasmic and thylakoid membranes. BMC Cell Biol., 2007, 8: 39-49.

[138] Scholes G D, Fleming G R, Olaya-Castro A, et al. Lessons from nature about solar light harvesting. Nat. Chem., 2011, 3: 763-774.

[139] Schoeder H U, Lockau W. Phylloquinone copurified with the large subunit of photosystem I. FEBS Lett., 1986, 199: 23-27.

[140] Schopfer P, Heyno E, Krieger-Liszkay A. Naphthoquinone-dependent generation of superoxide radicals by quinone reductase isolated from the plasma membrane of soybean. Plant Physiol., 2008, 147: 864-878.

[141] Schultz G, Ellerbrock B, Soll J, Site of prenylation reaction in synthesis of phylloquinone (vitamin K_1) by spinach chloroplasts. Eur. J. Biochem., 1981, 117: 329-332.

[142] Schwabe T M, Kruip J. Biogenesis and assembly of photosystem I. Indian J. Biochem. Biophys., 2000, 37: 351-359.

[143] Seaver S M D, Gerdes S, Frelin O, et al. High-throughput comparison, functional annotation, and

metabolic modeling of plant genomes using the PlantSEED resource. Proc. Natl. Acad. Sci. USA, 2014, 111: 9645-9650.

[144] Serrano A, Cordoba F, Gonzales-Reyes J A, et al. Purification and characterization of two distinct NAD(P)H dehydrogenases from onion (*Allium cepa* L.) root plasma membrane. Plant Physiol., 1994, 106: 87-96.

[145] Serrano A, Cordoba F, Gonzales-Reyes J A, et al. NADH-specific dehydrogenase from onion root plasma membrane: purification and characterization. Protoplasma, 1995, 184: 133-139.

[146] Semenov A Y, Vassiliev I R, van Der Est A, et al. Recruitment of a foreign quinone into the A_1 site of photosystem I. altered kinetics of electron transfer in phylloquinone biosynthetic pathway mutants studied by timeresolved optical, EPR, and electrometric techniques. J. Biol. Chem., 2000, 275: 23429-23438.

[147] Semenov A Y, Petrova A A, Mamedov M D, et al. Electron transfer in photosystem I containing native andmodified quinone acceptors. Biochem. (Moscow), 2015, 80: 775-784.

[148] Sheppard A J, Pennington J A T, Weihrauch J L. Analysis and distribution of vitamin E in vegetable oils and foods. Packer L, Fuchs J. Vitamin E in health and disease. Boca Raton: CRC Press, 1993, 9-31.

[149] Shimada H, Ohno R, Shibata M, et al. Inactivation and deficiency of core proteins of photosystems I and II caused by genetical phylloquinone and plastoquinone deficiency but retained lamellar structure in a T-DNA mutant of *Arabidopsis*. Plant J., 2005, 41: 627-637.

[150] Shpilyov A V, Zinchenko V V, Shestakov S V, et al. Inactivation of the geranylgeranyl reductase (ChlP) gene in the cyanobacterium *Synechocystis* sp. PCC 6803. Biochim. Biophys. Acta, 2005, 1706: 195-203.

[151] Siegel D, Bolton E M, Burr J A, et al. The reduction of *alpha*-tocopherolquinone by human NAD(P)H: quinone oxidoreductase: the role of *alpha*-tocopherolhydroquinone as a cellular antioxidant. Mol. Pharmacol., 1997, 52: 300-305.

[152] Soll J, Schultz G, Joyard J, et al. Localization and synthesis of prenylquinones in isolated outer and inner envelope membranes from spinach-chloroplasts. Arch Biochem Biophys., 1985, 238: 290-299.

[153] Srinivasan N, Golbeck, J H. Protein cofactor interactions in bioenergetic complexes: the role of the A_{1A} and A_{1B} phylloquinones in photosystem I. Biochim. Biophys. Acta, 2009, 787: 1057-1088.

[154] Stanier R Y, Bazine G C. Phototrophic prokaryotes: the cyanobacteria. Annu. Rev. Microbiol., 1977, 31: 225-274.

[155] Stöckel J, Bennewitz S, Hein P, et al. The evolutionarily conserved tetratrico peptide repeat

protein pale yellow green7 is required for photosystem Ⅰ accumulation in *Arabidopsis* and copurifies with the complex. Plant Physiol., 2006, 141: 870-878.

[156] Stöckel J, Oelmüller R. A novel protein for photosystem Ⅰ biogenesis. J. Biol. Chem., 2004, 279: 10243-10251.

[157] Suttie J W. Vitamin K-dependent carboxylase. Annu Rev Biochem., 1985, 54: 459-477.

[158] Suttie J W, Booth S L. Vitamin K. Adv Nutr., 2011, 2: 440-441.

[159] Suzuki K, Ohmori Y, Ratel E. High root temperature blocks both linear and cyclic electron transport in the dark during chilling of the leaves of rice seedlings. Plant Cell Physiol., 2011, 52: 1697-1707.

[160] Takagi D, Takumi S, Hashiguchi M, et al. Superoxide and singlet oxygen produced within the thylakoid membranes both cause photosystem Ⅰ photoinhibition. Plant Physiol., 2016, 171: 1626-1634.

[161] Takahashi Y, Hirota K, Katoh S. Multiple forms of P_{700}–chlorophyll a–protein complexes from *Synechococcus* sp.: the iron, quinone and carotenoid contents. Photosynth. Res., 1985, 6: 183-192.

[162] Terasaki N, Yamamoto N, Tamada K, et al. Bio-photo sensor: cyanobacterial photosystem Ⅰ coupled with transistor via molecular wire. Biochim. Biophys. Acta, 2007, 1767: 653-659.

[163] Thiele J J, Ekanayake-Mudiyanselage S. Vitamin E in human skin: organ-specific physiology and considerations for its use in dermatology. Mol. Aspects Med., 2007, 28: 646-667.

[164] Thomas G, Threlfall D R. Incorporation of shikimate and 4-(20-carboxyphenyl)-4- oxobutyrate into phylloquinone. Phytochem, 1974, 13: 807-813.

[165] Tian L, DellaPenna D, Dixon R A. The pds2 mutation is a lesion in the *Arabidopsis* homogentisate solanesyltransferase gene involved in plastoquinone biosynthesis. Planta, 2007, 226: 1067-1073.

[166] Triantaphylides C, Havaux M. Singlet oxygen in plants: production, detoxification and signaling. Trends Plant Sci., 2009, 14: 219-228.

[167] Truglio J J, Theis K, Feng Y, et al. Crystal structure of *Mycobacterium tuberculosis* MenB, a key enzyme in vitamin K_2 biosynthesis. J. Biol. Chem., 2003, 278: 42352-42360.

[168] Valentin H E, Lincoln K, Moshiri F, et al. The *Arabidopsis* vitamin E pathway gene5-1 mutant reveals a critical role for phytol kinase in seed tocopherol biosynthesis. Plant Cell, 2006, 18: 212-224.

[169] van de Meene A M, Hohmann-Marriott M F, Vermaas W F, et al. The three-dimensional structure of the cyanobacterium *Synechocystis* sp. PCC 6803. Arch. Microbiol., 2006, 184: 259-270.

[170] Van Eenennaam A L, Lincoln K, Durrett T P, et al. Engineering vitamin E content: From *Arabidopsis* mutant to soy oil. Plant Cell, 2003, 15: 3007-3019.

[171] Van Oostende C, Widhalm J R, Furt F, et al. Vitamin K_1 (Phylloquinone): function, enzymes

and genes. Adv. Bot. Res., 2011, 59: 229-261.

[172] Venkatesh T V, Karunanandaa B, Free D L, et al. Identification and characterization of an *Arabidopsis* homogentisate phytyltransferase paralog. Planta, 2006, 223: 1134-1144.

[173] Verberne M C, Sansuk K, Bol J F, et al. Vitamin K₁ accumulation in tobacco plants overexpressing bacterial genes involved in the biosynthesis of salicylic acid. J. Biotechnol., 2007, 128: 72-79.

[174] Vidi P A, Kanwischer M, Baginsky S, et al. Tocopherol cyclase (VTE1) localization and vitamin E accumulation in chloroplast plastoglobule lipoprotein particles. J Biol Chem, 2006, 281: 11225-11234.

[175] Vom Dorp K, Hölzl G, Plohmann C, et al. Remobilization of phytol from chlorophyll degradation isessential for tocopherol synthesis and growth of *Arabidopsis*. Plant Cell, 2015, 27: 2846-2859.

[176] Wang L, Li Q W, Zhang A H. et al. The phytol phosphorylation pathway is essential for the biosynthesis of phylloquinone which is required for photosystem I stability in *Arabidopsis*. Mol. Plant. 2017, 10: 183-196.

[177] Whistance G, Threlfall D R, Goodwin T W. Incorporation of shikimate-G-14C and para-hydroxybenzoate-U-14C into phytoquinones and chromanols. Biochem. Biophys. Res. Commun., 1966, 23: 849-853.

[178] Wildermuth M C, Dewdney J, Wu G, et al. Isochorismate synthase is required to synthesize salicylic acid for plant defence. Nature, 2001, 414: 562-565.

[179] Widhalm J R，Ducluzeau A L，Buller N E, et al. Phylloquinone (vitamin K₁) biosynthesis in plants: two peroxisomal thioesterases of lactobacillales origin hydrolyze 1,4-dihydroxy-2-naphthoyl-CoA. Plant J., 2012, 71: 205-215.

[180] Widhalm J R, van Oostende C, Furt F, et al. A dedicated thioesterase of the Hotdog-fold family is required for the biosynthesis of the naphthoquinone ring of vitamin K₁. Proc. Natl. Acad. Sci. USA, 2009, 106: 5599-5603.

[181] Wydrzynski T J, Satoh K. Photosystem Ⅱ, the light-driven water: plastoquinone oxidoreductase. Dordrecht: Springer, 2005.

[182] Zhang P, Eisenhut M, Brandi A M, et al. Operon *flv4-flv2* provides cyanobacterial Photosystem Ⅱ with flexibility of electron transfer. Plant Cell, 2012, 24:1952-1971.

[183] Zhao L, Cheng D M, Huang X H, et al. A light harvesting complex-like protein in maintenance of photosynthetic components in *Chlamydomonas*. Plant Physiology, 2017, 174(4): 2419-2433.

[184] Zhong L, Zhou W, Wang H, et al. Chloroplast small heat shock protein HSP21 interacts with

plastid nucleoid protein pTAC5 and is essential for chloroplast development in *Arabidopsis* under heat stress. Plant Cell, 2013, 25: 2925-2943.

[185] Zybailov B, van der Est A, Zech S, et al. Recruitment of a foreign quinone into the A_1 site of photosystem Ⅰ. Ⅱ. Structural and functional characterization of phylloquinone biosynthetic pathway mutants by EPR and electron-nuclear double resonance spectroscopy. J. Biol. Chem., 2000, 275: 8531-8539.

[186] 中国科学院办公厅. 中国科学院年鉴 2010. 北京:科学出版社: 2010, 16-21.